北京宣传文化引导基金
BEIJING CULTURE GUIDING FUND
北京宣传文化引导基金资助项目

太庙与中轴线古建文化经典

北京太庙中轴线重要地位研究

贾福林　编著

北京出版集团
北京出版社

北京中轴线申遗是太庙在新时代角色重新定位的千载难逢的机会。弄懂太庙中所蕴含的传统文化与现代文化的关系，有利于实现中华民族真正的文化复兴。

贾福林

太庙 •

明、清两代皇室的祖庙。建于明永乐十八年（1420）。清乾隆年间（1736—1795）大加扩建。平面呈南北向长方形，总面积13.9万平方米。四周有围墙三重。主要建筑为前中后三座大殿和配殿，均黄琉璃瓦顶。

太庙享殿的等级与故宫太和殿相同，可见其在明、清两代的重要地位。太庙是典型的古代宫廷建筑，是古代建筑艺术的璀璨明珠，从建筑格局、样式到工程技术都具有极高的科学价值和艺术价值，同时蕴含着古代政治、哲学、美学、礼制的基本观念。

龙头石雕 •

石雕在太庙中的应用十分广泛，如须弥座、丹陛、柱础、栏板等，多种石雕相互衬托，装饰艺术浑然一体。特别是太庙须弥座角上的螭龙龙头，雕工精美，形象生动，似无重压，给人以一飞冲天之感。石雕与木雕、砖雕一起，成为太庙的主要雕刻艺术。

屋顶 ●

屋脊的正吻，斜脊的垂兽，屋檐的瓦当、滴水，还有古代仙人骑着飞鹤的琉璃造型，使原本呆板的屋顶成了动物的乐园。这些精美的琉璃构件，集纷繁的造型、深刻的寓意、吉祥禳灾的功能于一身。

神厨前井亭

　　始建于明代，高八点五五米，为黄琉璃瓦盝（lù）顶六角亭，梁架用镏金斗拱承托，亭内正中有水井一口，上置六角汉白玉井圈，柱间的坐凳为现代所加。

戟门旁门

　　戟门建于明永乐十八年（1420），是太庙的礼仪之门。面阔五间，进深两间，黄琉璃瓦单檐庑殿顶，汉白玉绕栏须弥座，台阶九级，中饰丹陛。正门两侧各有一道黄琉璃瓦单檐歇山顶的旁门，在苍松翠柏的掩映下，意蕴幽静，庄严壮美。

太庙戟门

　　太庙戟门明初修建时，门前有一条弯弓似的河道贯穿东西，河上有
七座石桥。这些石桥是皇帝和王公大臣们祭祖时的必经之路，但当初桥
下并没有水，是象征性的河道，而且桥上也没有栏杆，显得有些简陋。
清乾隆二十三年（1758），乾隆皇帝下令设立内务府总理工程处，负责
皇家建筑的建设与修缮，在这时对太庙进行较大规模的修缮，并增设了
汉白玉栏杆，还下令引金水桥水流入，使戟门桥景观流水潺潺，生机盎
然，更加美观。

前琉璃门及其门前通道

　　前琉璃门始建于明代，清代改建，是太庙的正门，嵌于太庙中墙南面。中间三座为拱门，旁门二座为过梁式。黄琉璃瓦顶，檐下饰有黄绿琉璃斗额枋及垂莲柱。墙下为汉白玉须弥座。

序

在北京中轴线申遗的重要时期，贾福林同志在多年辛苦研究的基础之上，经过反复的构思，力图把严肃枯燥的学术著作，写成通俗易懂、受普通人欢迎的书。我认为这种别具一格的写法一定会对太庙文物的保护和科学合理利用，对太庙文化的正确传承和弘扬，发挥特殊作用，也会为北京城市地域文化的可持续发展提供真实、生动的基础材料。

太庙在中国传统文化中具有崇高的地位，在北京中轴线上具有特殊的地位。以往社会各界对太庙文化的认识、挖掘和探究比较少，特别是太庙文化曾因被视为封建迷信而被基本否定。所以，太庙的研究曾是禁区，更不用说太庙文化的弘扬和传承了。我觉得作者不仅对太庙的文物文化进行了系统的研究，而且对太庙在现代社会的价值及其在中轴线上的地位都进行了独特的研究，这是在"取其精华，去其糟粕"的正确指导思想下，勇于主动攻克难题，找出文化传承的合理性，并且找到文化传承的具体办法，同时用通俗的方法向政府呼吁、向社会宣传，以便求得共识的表现；这是一种带有高度使命感的"把死学问做活"的主人翁态度。

更难得的是，作者退休多年，本该安享晚年，但还是给自己树立了很高的目标，并且化压力为动力，进行了十分艰苦的劳动，才写出这本书稿。这本书稿并不是将自己研究积累的材料进行连缀，而是全部打乱，创意一个新的整体构思，设定一个系统的线索，所有的材料都以创新为中心进行编排。这样就在高立意和大视野下，把许多具有典型性的材料有机地联系在一起，既使作品有了整体的力量，同时又收放自如。作者把深奥的文博专业知识讲得通俗易懂，使作品充实丰满、生动引人，可以说是讲好中国故事的一次成功尝试。

这本书特点很多，一个突出的特点就是追根溯源。例如，全书的起点是从元代开始。因为北京中轴线是元大都奠定的，经专家结论性考证，北京明清皇城中轴线与元大都中轴线具有继承关系，这就叫追根溯源。又如，对于太庙的萌芽滥觞，作者结合史书，对照考古发现，将线索推进到炎黄以前，这也是追根溯源。

这本书还有一个特点，它不是一项关于古代建筑专业研究的记录，而是与时代紧密结合、与中轴线申遗紧密结合，用一种既专业又灵活的方式，研究并解答了太庙文化对中轴线申遗而言的独特地位。秉持著名申遗专家、文化遗产保护规划国家文物局重点科研基地主任陈同滨的观点"必须跳出本土，跳出中国，必须放眼世界"，本书开篇即从"世界眼光"，回顾七百多年前元大都中轴线皇城的浩大与辉煌，全面解释了中轴线太庙罕见的对全人类的现在和未来都具有的"突出普遍价值"，使"太庙在中轴线申遗的整体地位"这个令人望而生畏的课题迎刃而解。本书试图引导新时代的北京人在全球视野中找到中华文化的地位，认知北京宏阔壮丽的景观特征，认知中轴线连续完整的空间序列，认知太庙传统文化的精神价值，认知首都北京多元文化的历史传承，从而更加坚定地树立文化自信，以开放的胸襟融入世界，共创人类命运共同体。

作者诠释了太庙在哲学、礼制、建筑、审美等多方面的价值，其中许多问题虽然涉及较少，只是一种粗浅的论述，但仍然使这本书的理论价值有所提升。同时，本书还具有很强的实用价值，许多问题都可以在书中找到答案，是一次"使文物活起来"的良好实践。另外，本书还具有趣味性强、时代性强的特点，阅读轻松，这对文物知识的普及具有现实意义。

从历史演进的层面看，北京中轴线是在不断发展的，元、明、清以及近现代都留有鲜明的印记。从"活态保护"的思想层面，基于对太庙文化的深入研究和思考，作者大胆地提出了太庙新功能以及更加合理、深度利用的建议，从而为中轴线文化增添了新的元素和生命原动力。我认为这种有益的创新观念应当引起有关部门的重视。

总之，这本书的出版，我认为可以用"四个有利于"来概括：

一是有利于中轴线申遗成功。太庙是中轴线上最为重要的古代建筑群之一，其中蕴含着中国传统文化的核心内容——祭祀文明与礼乐文化。特别是有宗庙为"都"，无宗庙为"邑"的古代规定，使太庙成为北京统一王朝国都的"身份证"。太庙文化的深入挖掘、研究和展示，是中轴线申遗的重要佐证。

二是有利于太庙文物的保护和利用。此书的编写出版，相信会得到社会、国家乃至国际方面的重视，使太庙古建筑的保护和修缮、礼乐文化的传承找到新的起点，长足地发展，相信会使北京太庙得到规模更大的、崭新意义上的保护。

三是有利于北京城市文化的建设与发展。北京历史悠久、底蕴丰厚，以太庙文化为代表的古代国家级建筑和经典的祭祀礼仪，是其最主要和最鲜明的传统地域文化特征。这是城市发展的必要条件之一，体现城市的性格，是文化创意永不枯竭的源泉。本书的编写出版必然会促进太庙文化的保护和传承，进而促进首都城市文化的建设与发展。

四是有利于促进中华文化复兴伟大事业的发展。孔子说"《礼》以节人，《乐》以发和"，祖先崇拜是中华民族的精神支柱，太庙承载的中华礼乐的教化功能，对于促进社会和谐具有无可替代的重要作用，必定能为永葆民族团结、国家长治久安，以及中华文化复兴的伟大事业做出贡献。

祝贺新书付梓，希望作者继续努力，取得更大的研究成果，并尽快转化，多出版此类通俗有趣的文博知识书籍。

写到这里，用几句五言作结：

贯穿五千年，展示八百载。讲好太庙史，放眼向未来。

传承要扬弃，创新在当代。尊祖弘礼乐，中华雄万代。

是为序。

北京文物研究所原所长
首都博物馆原副馆长
2023 年 8 月 18 日于北京

前言

太庙的文化内涵博大精深，要想了解它，需要下非常大的功夫。比如，俎豆管弦、牺牲玉帛、卤簿仪仗、斋戒沐浴这些词语我们可能不太熟悉，但在农耕时代却是非常重要的。

为了尽可能地对世界遗产进行规范的确认、保护、管理和展示，联合国教科文组织于1972年制定了《保护世界文化和自然遗产公约》（以下简称《世界遗产公约》）。《世界遗产公约》指出，无论对各国还是对全人类而言，文化和自然遗产都是无可估价和无法替代的财富，这些最珍贵的财富一旦遭受破坏或消失，对世界各族人民而言都是一场浩劫；有些遗产具有普遍性的重大意义，可以认定为具有"突出普遍价值"（Outstanding Universal Value，OUV），因而需要特殊的保护，以消除日益威胁这些遗产的潜在危险。

遵循《世界遗产公约》的约定，是从新的基点正确解读太庙的钥匙。

在首都北京的中轴线上，太庙有什么重要地位和重大价值？太庙的古代建筑、太庙的文化内涵，究竟有多么独特？太庙里曾经出现过的人物在历史上有何影响？太庙里发生的故事有多么传奇？已经六百多岁的太庙，其辉煌的过去、现在的状况、未来的走向是怎样的？太庙像一部浩大深邃的书籍，里面许许多多的谜和问号，需要抽丝剥茧、追根溯源，逐一揭示，慢慢道来。

在北京中轴线上，太庙是一个奇特的存在。它像一个巨人，雄伟威严地矗立在那里。某些大型演出活动，可能会把它当作紫禁城；某些不良导游甚至把游客引到太庙，说这里是故宫。媒体中涉及太庙宣传的内容很少，即使是一些网络文章，也只是在介绍中轴线时附带说说太庙，所展现的往往是导游们钟爱的有趣故事。

现在的问题是要真正读懂太庙，读懂太庙到底是什么，是古建筑，是紫禁城，是皇上的宗庙，是文化宫？还是几乎被遗忘的、清冷的、寂静的城中山林？它和古代的人是什么关系？它和中国五千年传统文化是什么关系？它和中华民族崭新的时代以及未来有什么关系？

历史进入高度发达的"元宇宙"时代，农耕时代的传统主流文化与现在和未来还有什么关系？它们还有什么价值？如何读懂太庙？这就要在一般性的历史研究基础上，运用历史唯物主义和辩证唯物主义历史观，一方面把视野放远至整个人类文化的历史和现状上去研究，另一方面从中华历史文化的深度上去研究，弄懂太庙中所蕴含的传统文化与现代文化的关系，充分肯定其现代价值，疏通古今传承的管道，找好弘扬传承的方法，为中华民族熔铸灵魂，以实现中华民族真正的文化复兴。

北京中轴线申遗是太庙在新时代角色重新定位的千载难逢的机会。本书借中轴线申遗的大势和机遇，从多方面系统地向读者讲述太庙的地位和价值，希望能让更多的人读懂太庙、珍爱太庙。现在我们就从太庙当中走进中国优秀传统文化，让太庙凝聚的中华传统文化融入现代社会生活，使中华民族永远凝聚，稳步前行，走向世界，为人类命运共同体和天下大同做出独特而恒久的贡献。这是一个文化之旅，起点十分重要，过程并不容易，而结果，应当是无比崇高。

谨以此书告慰罗哲文先生。先生在生命的最后阶段，仍念念不忘太庙的保护。他把太庙作为自己最后阶段关注的目标，必欲改之而释然，否则抱憾终生。我的努力，距离先生与我商定的目标还相差很远。先生嘱咐我"好好研究太庙"，我之余生，必将继续锲而不舍地研究太庙，读懂太庙，争取推动太庙在中轴线申遗中、在中华民族伟大文化复兴中，发挥独特的功能，彰显崇高的价值；争取在创新性重建礼乐文化的过程中，重构中华民族的共同祖先崇拜体系，使太庙成为中华民族及海外华人共同的精神家园。如此，死亦瞑目也。

贾福林

北京市劳动人民文化宫原研究室主任
2023年5月18日于北京心远斋

目 录

第一章
中轴线上的金色屋顶

北京中轴线申遗，是中国文化界的一件大事，目前到了关键时期。中轴线的文化挖掘也到了丰收的季节，许多过去不为人知的历史和典故被一一揭秘。北京中轴线上独特的建筑、丰厚的文化内涵，随着人们的研究和探索，逐渐揭开其神秘的面纱，光辉灿烂地展示在世界面前。

第一节　黄金屋顶引出中轴之源

北京中轴线上现在已经有了三处世界遗产，其中故宫、天坛已分别于1987年、1998年被联合国教科文组织确认为世界遗产。可另一处却有点难度，估计很多人答不上来。

有读者说："这有何难？另一处肯定是太庙。"的确，在许多人的知识储备中，特别是来过太庙的人，大多会这样说：太庙享殿气势雄伟，着实不凡，且民间早有传闻"太庙享殿比太和殿还要高三尺"，按照常理推断，太庙位于中轴线的核心——故宫的旁边，故宫是世界遗产，那么，同在紫禁城红墙之内、与太和殿仅一箭之遥、与故宫一墙之隔的太庙，无疑也会是世界遗产。但是，您真的错了。太庙必将随着北京中轴线申遗成功而成为世界遗产，但是，由于某些原因，现在的太庙还不是世界遗产。

中轴线上第三处世界遗产到底在哪里呢？这要从远隔万里的西欧发生的一件载入世界史册的大事说起。

　　1492年8月3日，世界著名航海家、意大利热那亚水手克里斯托弗·哥伦布，受西班牙伊萨伯拉一世和斐迪南二世的资助，开始了探险的航程。在这次航行中，哥伦布因发现了美洲新大陆而名垂青史。但是，这次伟大的航行，在帆船起锚的一刹那，哥伦布心里的目标却不是新大陆，而是中国，新大陆的发现完全是一个偶然。这来源于当时欧洲流行的一个传闻：在遥远的东方有一个大汗国，那里非常富有，连屋顶上都是金灿灿的黄金。这金灿灿的黄金就是哥伦布探险航行的强大动力。但是，哥伦布到达海地时，以为到达了日本。再往前航行，他到达了一个大陆，以为是印度，其实刚刚到达美洲大陆，这里距离中国还很远。就这样，命运成就了这位伟大的航海探险家，他回到欧洲，因发现了"新大陆"而骄傲无比，风光无限！那么，哥伦布直到去世也没有见到的金灿灿的黄金屋顶到底在哪里？是不是真正的黄金呢？历史给了哥伦布荣誉，也给了他遗憾。他永远不会知道，自己所要追寻的"大汗国"屋顶的黄金并不是真正的黄金，而是中国大元王朝的都城——大都屋顶上的黄色琉璃瓦。

　　这个有趣的历史故事告诉我们：中国金碧辉煌的宫殿屋顶曾经使欧洲人误认为是黄金而羡慕不已。西方人认识中国，除了丝绸、瓷器和茶叶以外，还有一个非常重要的产品就是琉璃瓦。因为琉璃瓦和丝绸、瓷器、茶叶不同，不可以通过贩运去到他们的国家，当时的欧洲人，想看到琉璃瓦，一定要到中国的首都来，所以才产生了美丽的传闻。同时，这个故事还告诉我们，当时的西方人对琉璃瓦的材料和工艺一无所知，这就引出了东西方建筑风格的一个巨大差异：在欧洲古代的建筑中，屋顶的不美观是令建筑师十分头痛而又无可奈何的事情；但在中国古代，皇家宫殿翘起的飞檐脊兽和光滑亮泽的屋顶非常壮观美丽，即使观察者距离很远，也能看得清楚真切。正如一位中国建筑学家所说：西方历来的建筑师对于屋顶，多是遮遮掩掩，所以欧洲的建筑物，给人的印象，大多不感到屋顶的重要。中国人对于屋顶的态度却不然，我们不但不把它遮掩，而且还要特别地标榜，骄傲地、直率地将它全部托起，使它成为建筑中最堂皇、最引人注目的部分……琉璃瓦之施用，遂成为中国建筑的特征之一。

　　这高大雄伟、连绵不断、金碧辉煌、无与伦比的宫殿，早在明朝以前的元朝就已经建成。所以，哥伦布所听传闻中的东方"大汗国"的首都，正是元朝的都城——大都。

第二节　世遗之珍——大都小桥吉兽

　　于是，我们的主角出现了。北京中轴线上第三处世界遗产也光荣出场。它不是声名显赫、高大雄伟的太庙，比太庙小多了，仅仅是一座小桥——万宁桥。够惊讶吧？

　　这是一座非常了不起的小桥，别看它小，它的年岁可大了，已经七百多岁了，被称为"北京中轴线第一桥"。它不仅是北京城和北京中轴线最古老的见证者，还拥有四个忠实的"粉丝"，即用石头雕刻的守护神——镇水兽。万宁桥下的镇水兽，原名"蚣蝮"，为龙生九子之一，生性喜欢水，镇守河道，以河妖为食，是保佑一方风调雨顺的吉祥之物。其中，东北燕翅墙上的一尊镇水兽经长年风雨剥蚀，兽身不辨花纹，兽首面目模糊。据说，这一尊颌下镌有"至元四年（1267）九月"字样的镇水兽，正是元代遗物，也是桥的年龄证明，其余三个据说是明代遗物。这些守护神不仅忠实地守护着这座小桥，守护着中轴线，也守护着北京城。

万宁桥及其镇水兽是北京城和北京中轴线上的奇特存在，在北京城和中轴线上具有元老级的地位。它位于北京地安门北、鼓楼及钟楼之南、什刹海前海以东的玉河故道上，桥下有一个水闸，名叫澄清上闸。万宁桥最初是木质结构，后改为石砌单孔拱券，两侧护栏简洁古朴，两端戗抱鼓石，拱券上雕刻有石兽头。2006年，国务院将京杭大运河整体公布为第六批全国重点文物保护单位，澄清上闸（含万宁桥）位列其中。这是首次在国家层面明确了大运河作为文化遗产的价值和法律地位。

元大都时期的万宁桥，地安门大街贯穿南北两岸，桥下通惠河东西流过，水路交通便捷，商贾云集，人来人往，是京城的交通枢纽。南方沿大运河北上进京的人中，许多会在万宁桥畔下船登陆。

万宁桥和镇水兽静静地坐落在中轴线上，它来自元朝，是北京中轴线的最古老见证者，也是北京中轴线最年长的历史标记。

历史从元代皇宫金碧辉煌的大屋顶，演进到了明代北京城。明代北京城的皇城——紫禁城，作为中国乃至世界唯一的古代木结构宫殿群，其全部主体建筑都是最高等级的金黄琉璃瓦顶。其中，太庙作为高等级建筑的代表之一，全部都是庑殿顶，以高级拥戴顶级，形成至高无上、卓越精绝的建筑群。

第三节 偌大太庙深宫人竟未识

在中国文物界，历来有"三座最好的大殿"的说法，分别是北京紫禁城太和殿、山东曲阜孔庙大成殿、山东泰山天贶殿。太庙的享殿虽不在其中，但高下如何，我们可以进行一下对比。

四座大殿比较起来，从建筑等级上看，太和殿等级最高，但从古建文物综合指标来看，太庙享殿最好；从建筑规模上看，太庙享殿与太和殿都是面阔十一间，曲阜孔庙大成殿和泰山天贶殿都是面阔九间；从建筑材料上看，太庙享殿的柱子是明代的金丝楠木，太和殿是清代重修的，里边的柱子是清代从东北运来的红松。

故宫太和殿是皇帝主政的地方，其须弥座高约八米，太庙享殿的须弥座高约三米。太和殿总体高度约为三十五米，太庙享殿总体高度约三十二米。太庙矮就矮在须弥座上，但其木结构部分比太和殿高约二米。

与"三座最好的大殿"相比较，从建筑等级、建筑规模上看，大成殿、天贶殿都比太庙享殿低（小），唯独太和殿比太庙享殿高（大）。可见，决赛应在故宫太和殿与太庙享殿中进行。太庙享殿与故宫太和殿相比较，其共同点是，均为重檐庑殿顶、明黄琉璃瓦、面阔十一间。其不同点是，高度上互有高低，体现平衡关系；太和殿室内面积较大，太庙享殿室内面积略小；太和殿脊兽数量为十个，太庙享殿为九个（太和殿多了一个行什）；太和殿内有七十二根大柱，太庙享殿内有六十八根大柱；太庙享殿是金丝楠木，太和殿是红松，太庙享殿木材优于太和殿；太和殿装饰华美，太庙享殿装饰朴素；现存太庙享殿早于现存太和殿。

太和殿、大成殿、天贶殿、太庙享殿的艺术装饰特色各有千秋。太和殿豪华瑰丽，大成殿龙柱雕塑精美，天贶殿壁画宏大珍贵，太庙享殿等级不凡。

通过上面的分析，可以得出的结论是：太庙完全可以和文物界认可的"三座最好的大殿"媲美，并在建筑艺术上具有以下三大优势：

第一，从建筑年代上看，太庙的主体建筑是明代的，历史更为悠久。太庙是一个建筑群，仅殿式结构就有四重。尽管每座建筑的具体建筑年代各有不同，个别专家亦有争议，但是，太庙的主体建筑是明代的原构，这一点是没有争议的。也就是说，在北京中轴线上的古建筑中，最大规模的明代宫廷建筑或者说官式建筑保留在太庙。其他地方虽然也有，但规模上无法和太庙相比。

第二，从建筑等级上看，太庙四重大殿——戟门（虽为门，但为殿式结构）、享殿、寝殿、祧（tiāo）庙均为庑殿顶，其中享殿为重檐庑殿顶；太庙四重大殿、东西配殿及其宰牲亭建筑群，均为明黄琉璃瓦。

第三，从建筑材料上看，太庙四重大殿、东西配殿及其宰牲亭建筑群均为金丝楠木。太庙享殿的每一个木构件，包括大门、窗户均为金丝楠木。金丝楠木木质结构均匀稳定，不会变形，外表纹理富有光泽，是古代皇家宫廷建筑的首选木材。

中国古代建筑史以及明清档案告诉我们，明永乐年间，朱棣修建北京城及皇城时，曾大规模到云南、贵州、四川等地人迹罕至的深山老林砍伐金丝楠木大木。因工程浩大，所用金丝楠木数量极大，这些地区的金丝楠木大木几近采绝。明中期修缮宫廷建筑时又用掉一些，此时金丝楠木大木的资源已近枯竭。所以，清代重修太和殿时，大柱等主要材料只能用东北的红松。

金丝楠木不仅资源稀缺，而且在六百年前的农耕时代，其砍伐、运输都极为困难，有许多工人在这个过程中不幸死伤。从云南、贵州、四川砍伐的金丝楠木大木，因到北京路途遥远，需先在山间溪流放排，后汇集到地方河中，然后进入运河，运到北京；运抵北京后，先存放于专门的大木厂，经粗加工后运到建筑工地使用，历经千难万险，当时已经极为昂贵。时至今日，不算文物价值，仅其木材价值就已经价值连城了。

综上所述，太庙，或者说太庙建筑群，在建筑年代、建筑等级、建筑材料等方面都达到了精绝的地步。它不仅是中轴线，不仅是北京市，而且是中华民族的建筑瑰宝，更是中华民族乃至全人类宝贵的文化遗产。

第二章

元代中轴线与太庙

中国首都北京有一条贯穿皇城的中轴线，它南起永定门，北至钟鼓楼，总长度约七点八千米，是现存世上最长、最完整的古代城市轴线。北京独特的、壮美的空间秩序，前后蜿蜒起伏、左右形状对称的主要建筑布局，都是以这条中轴线为依据的。北京中轴线建筑恢宏，气势浩大，无论是从建筑学还是从建筑美学角度来讲，在世界上都是独一无二的。正因为如此，北京中轴线得到了建筑大师梁思成的高度赞誉。

第一节　元大都肇建华夏大统一

北京中轴线2012年被成功列入《中国世界文化遗产预备名单》，经过铺天盖地的宣传，恐怕没有人不知道北京中轴线了。但是，这条"壮美秩序"的中轴线最早诞生在元朝，可能很多人就不知道了。北京在元朝叫"大都"。元朝建都于此，不仅考虑的是这条中轴线，更重要的是通盘考虑了北京城区水系的分布以及街市宫殿的布局。

说到七百多年前的元朝和元大都，以及元大都的中轴线，专家经过多年的考证确认，元大都以大明殿为中心点的中轴线与明清北京城中轴线为同一轴线，是天文、地理、人文因素相互交织、相互影响而形成的结果。专家的这些研究使元大都及明清北京城中轴线研究中的学术疑团解开了。这一研究成果，对认识中国古代城市的中轴线制度、北京中轴线的历史文化价值，具有十分重要的意义。

说到元代的太庙及其中轴线，就一定要说到两个最重要的历史人物：一是忽必烈，二是刘秉忠。

一、忽必烈创立元朝

忽必烈（1215—1294）是元太祖成吉思汗的孙子、元宪宗蒙哥的弟弟，是元朝真正的创建者，庙号世祖。忽必烈任用汉人儒士，采用汉法，使社会生产秩序得到恢复和发展。

宪宗九年（1259）八月，蒙哥在四川合州前线病逝。九月，身在四川的忽必烈北归欲继承汗位。中统元年（1260）一月，忽必烈率军到达开平，后在诸王的拥戴下登基，成为大蒙古国皇帝。忽必烈在称帝时发布的即位诏书《皇帝登宝位诏》中自称为"朕"，称他的哥哥元宪宗蒙哥为"先皇"。中统元年（1260）五月十九日，忽必烈下《中统建元诏》，正式颁布年号为"中统"。

中统五年（1264）九月，忽必烈再次下《至元改元诏》，正式取中华上古经典《易经》中"至哉坤元"的意义，把"中统五年"改为"至元元年"。至元八年（1271），忽必烈下《建国号诏》，将国号由"大蒙古国"改为"大元"，他从大蒙古国的皇帝变为大元朝皇帝。大元国号的正式颁布，使忽必烈成为元朝开国皇帝。

（一）融入华夏的制度改革

在融入华夏的制度改革中，元朝在文化上最重要的举措是采用了华夏传统文化的核心内容之一——礼乐制度，其标志就是采用《周礼·考工记》中"左祖右社"的规制建设都城。也就是说，统一的元朝，尊炎黄为祖先，同时建立了本朝列祖列宗的太庙。

忽必烈在元大都颁布一系列重要诏书的地点，是大都城中轴线北端的齐政楼。齐政楼取义《尚书》中舜得天命的典故"在璇玑玉衡，以齐七政"，由此显示忽必烈是尧舜传人、元朝是中华正统，这在中国古代统一多民族国家的发展历程中具有重大意义。[①]

关于"璇玑"的解释，有人认为是指星象，有人认为是指仪器。笔者认为两种观点合一最为符合事实。为观天象，古人发明天象仪，而其对天象的观察，是为了"以齐七政"，这是典型的"天人合一"的哲学思想。把国家的管理和自然的规律融通起来，是中国古代科学社会管理制度的理论基础，是华夏文化的重要内容。这正是忽必烈进行社会改革的根本原因和本质内容。这种社会管理制度的出现，也是人的生存状态的极大改善。

（二）忽必烈融入华夏制度改革的意义

忽必烈称自己是炎黄子孙，有利于疆域辽阔、外来民族较多的元朝融入并统治这片以汉族人口为最多的中华大地。元朝史书将"三皇五帝"等一系列远古帝王圣贤置于一个族谱中，让更多人有了认同感和凝聚力。称自己为炎黄子孙，是游牧文化融入农耕文化的进步举措。

中国虽是一个多民族国家，但自古就有诸族同源、同祖之说。班固《典引》中云："厥有氏号，绍天阐绎，莫不开元于太昊皇初之首。"太昊系炎黄两族的"共祖"。《魏书·序纪》中载："昔黄帝有子二十五

---

① 王军著，《尧风舜雨——元大都规划思想与古代中国》，生活·读书·新知三联书店，2022 年版。

人，或内列诸华，或外分荒服。"其中，"内列诸华"者，就是汉族；"外分荒服"者，就是沿边少数民族。

古代的诸族同源、同祖之说，是在民族融合的基础之上产生的特定意识。老祖宗们以高度的智慧，从人文之始就形成了重视历史记载的优秀传统，高度完备、科学精巧、传承不断的汉字系统，简牍、帛书、造纸术、印刷术的发明，造就了中国庞大的史料系统，特别是国史、县志和家谱构成了中华民族历史的三大支柱。丰富的文献资料，使中华民族成为世界上拥有极为完备的历史系统的伟大文化之一。

中国自文明创建以来，就经历着不断的民族融合过程，改朝换代经常发生，统治族群来自五湖四海，但文化基础与社会制度高度稳定。中国传统文化的包容性与融通性，保障了中华民族的繁衍生息、发展壮大。正是在文化认同的强大凝聚力之下，忽必烈从游牧民族的英雄华丽转身，成为中国多民族统一王朝的皇帝。入主中原的蒙古族融入中华民族的大家庭，则反映出中国古代文明从未中断、持续发展的内在逻辑。中华先人以"天地之大德曰生"为基本价值观念，重视民生，凝聚了不同族群、不同崇拜的最大共识，形成了多元文化与民族的融合。这种生存和发展模式，对当今人类在纷繁凌乱中努力追寻可持续和平发展的道路，具有极为重要的启示作用和指导意义。

成吉思汗帅军攻灭南宋之后，中国实现了大统一。王朝易鼎，统治民族和被统治民族的变更，都没有影响到统一的政局。文明进程中所形成的同源、同祖说，系诸民族的共识。在此基础之上互相认同、互相融合，是多民族国家统一的保障。①

元的正统地位得到了明的认可，明的正统地位得到了清的认可。近代鸦片战争以后，中国在与外国侵略者的斗争中，各民族进一步形成牢不可破的共同体——中华民族。没有任何力量可以分裂中华民族，也没有任何力量可以破坏中国的统一。

对北京中轴线与太庙的研究进一步证明，中华统一文化源远流长。中华文化的演进，让中华民族在融合中发展，最终形成了文化的统一性。这种统一性成为中华民族的文化之根、共同之魂，是中国的立国之基，是跨越血缘、地域、民族而形成的华夏文明。

二、刘秉忠营建元大都

（一）刘秉忠其人

刘秉忠（1216—1274），法名子聪，元代前期著名政治家，为忽必烈建立元朝、入主北京、兴建元大都做出了杰出的贡献，也是北京城中轴线的奠基者，在北京成为统一王朝国都的地域文化发展中具有重要开辟作用。

（二）刘秉忠规划设计元大都

刘秉忠规划设计元大都时，完全遵照《周礼·考工记》中记载的基本规制"左祖右社"。至元四年（1267）建设开始，刘秉忠先营建皇城和宫殿。皇城以大宁宫太液池中的琼华岛为中心，西岸是太后居住的隆福宫和太子居住的兴圣宫，东岸是"大内"。大内南部是以大明殿为中心举办典礼朝会的外朝区，北部是以延春阁为中心日常办公

---

① 方彪，《乾隆提出"中华统绪不绝如线"，有何高明之处？》，京报网，2022-07-14。

和生活的内廷区。大内以北是御花园。太庙建在城东，即"左祖"，社稷坛建在城西，即"右社"。主要的市场设在大都城西北部积水潭北岸的斜街市，因为积水潭作为大运河的终点，是货物集散地，便于交易。此外，大都城内还建有东市、西市。

刘秉忠在主持营建元大都的工作中，充分施展了他的才学。他不仅依据《周礼·考工记》制订了大都城的总体方案，还依据《易经》为大都各城门制定了寓意典雅的名称，其中有些名称至今还在沿用。例如，丽正门出自《易经·离卦》"重明以丽乎正，乃化成天下"，文明门出自《易经·乾卦》"见龙在田，天下文明"，安贞门出自《易经·讼卦》"复即命渝，安贞不失也"。

元代建都北京，遵循汉制，曾经两次在皇城之左兴建太庙，这才有了真正意义上的北京太庙。太庙是元代融入华夏文化的重要标志。可以说，元大都和中轴线，是物质文化的标志，因此是物质文化遗产，而中轴线所蕴含的建城思想和太庙所代表的礼乐文化，则是非物质文化遗产的标志。这两个遗产是一个整体。

第二节　两建太庙大都特别宣言

元朝融入华夏正统文化，首先继承的是以祖先崇拜、礼乐制度为中心的古老文化传统。对国家重要祭祀礼乐制度的全面学习，体现了其实现对华夏民族五千年传统文化认同的努力。元文宗（孛儿只斤·图帖睦尔，又称札牙笃皇帝）的汉文化修养超过之前的所有元朝皇帝。他的书法，落笔过人，得唐太宗晋祠碑风，"遂益超诣"。他还会作画，所绘《万岁山画》，"意匠经营，格法遒整，虽积学专工，所莫能及"。他曾经辗转流落于江南、海南和荆湖，对当时民情也有相当的了解。①

编纂于元文宗至顺元年至二年（1330—1331）的著名典籍《经世大典》，充分体现了元朝融入华夏文化的程度和成就，只可惜该书现已亡佚。但我们从《经世大典·礼典（中篇）》仅存的《序录》和正文佚文二条中可以看到，其国家大典的祭祀等级顺序是这样的："一曰郊祀，二曰宗庙，三曰社稷，四曰岳镇海渎，五曰三皇，六曰先农，七曰宣圣庙，八曰诸神祀典，九曰功臣祀庙，十曰谥，十有一曰赐碑，十有二曰旌表，为礼典中篇。"

在《经世大典·礼典（中篇）》的十二个条目中，前九条与祭祀相关，是《元史·祭祀志》前五卷的基本史源。但《元史·祭祀志》对条目数量和排序做了改动。《元史·祭祀志》前五卷有十八个条目，其与《经世大典·礼典（中篇）》的对应关系，如下表所示。

《经世大典·礼典（中篇）》和《元史·祭祀志》前五卷记载的元代祭祀典章对应表②

《经世大典·礼典（中篇）》祭祀条目	《元史·祭祀志》前五卷对应祭祀条目
1.郊祀	1.郊祀
2.宗庙	2.宗庙 3.神御殿

① 陈得芝主编，《中国通史·第八卷·中古时代·元时期（上）》，上海人民出版社，1997年版。

② 引自马晓林文章《元史·祭祀志史源蠡测》，有改动。

《经世大典·礼典（中篇）》祭祀条目	《元史·祭祀志》前五卷对应祭祀条目
3.社稷 （郡县之祀、风雨雷师皆附）	4.太社太稷 8.郡县社稷 12.风雨雷师
4.岳镇海渎	7.岳镇海渎 11.岳镇海渎常祀
5.三皇	10.郡县三皇庙
6.先农	5.先农
7.宣圣庙	6.宣圣 9.郡县宣圣庙
8.诸神祀典	13.武成王 14.古帝王庙 15.周公庙 16.名山大川忠臣义士之祠
9.功臣祀庙	17.功臣祠 18.大臣家庙

历史典籍中有关元朝祭祀的内容和礼仪程序与中原历代王朝实行的制度完全相同，可见元朝是一个完整意义上的中华民族大统一王朝。在物质形态上，元代以大都城作为全国的统治中心，先后在这里兴建了两座太庙，使其成为中华正统国家的象征之一，有着极为特殊的地位。

太庙祭祖礼乐制度，是封建政治体系的重要组成部分。中华祭祖，慎终追远。对祖先的尊崇，是文化认同之魂，是维护中华统一的重要理念。同时，汉民族数千年的孝道文化不仅是伦理的规范，还是国家层面的"以孝治天下"。这一整套祖先崇拜，对社会产生着强大影响。在中国五千多年的农耕文化中，敬天尊祖，成为绵延数千年的优良制度和习俗。从先秦时期开始，人们就已经形成了祭祀的礼仪制度——"国之大事，在祀与戎"，遂设置了岁时祭祀祖先的方式和场所；其下，家有家祠，族有宗祠。国家最高级的祭祖场所，就是太庙，这是华夏文化的本质特征之一。修建太庙并建立一整套祭祖礼乐制度，历来是少数民族融入中华正统文化的最突出的特征。

太庙的重要作用，史不绝书。历代封建统治者在夺得皇位之后，首先要兴建的礼制建筑就是太庙，而那些继承皇位的统治者，也将到太庙行礼视为其合法接掌国家政权的标志。此外，凡有重要的国家大事，如册立皇后及皇太子、追尊先帝谥号、出征及献俘等重大活动，以及重要的节令庆典活动等，都要到太庙举行庄严的仪式。

一、元代太庙文化的奠基

建立元朝的蒙古族统治者最初生活在大草原上，习惯的是游牧文化，对于代表农耕文化的太庙制度是比较陌生的。当他们进入中原地区、对农耕文化有了越来越多的接触和了解之后，才对这种新的文化形态逐渐重视起来。兴建太庙，融入汉文化，最早可追溯到蒙古窝阔台汗时期。他任用儒家大臣耶律楚材在中原地区实行赋税制度，为国家获得了巨大的物质利益。元世祖忽必烈任用谋臣刘秉忠为其创建官制，定国号、年号，大兴礼制，使元朝社会很快融入华夏文化，国力日益强盛，达到了空前的程度。在元朝不断融入汉文化、修建太庙的过程中，除刘秉忠外，耶律楚材较早发挥了重要作用。

（一）耶律楚材对太庙文化奠基的贡献

耶律楚材（1190—1244），蒙古成吉思汗、窝阔台汗时大臣，出身契丹贵族家庭，是辽太祖耶律阿保机的九世孙，生长于燕京（今北京），世居金中都（今北京），被历史学家称赞为"改变蒙古的契丹人，挽救了中原千万汉人"。

耶律楚材秉承家族传统，自幼学习汉籍，精通汉文，据《元史》记载，他年纪轻轻就已"博极群书，旁通天文、地理、律历、术数及释老、医卜之说，下笔为文，若宿构者"，得成吉思汗的喜爱，被任命为辅臣。窝阔台即汗位后，耶律楚材倡立朝仪，劝亲王察合台（窝阔台兄）等人行君臣礼，以尊汗权。从此，他更加受到重用，被誉为"社稷之臣"。他积极恢复文治，提出并实施"以儒治国"的方案和定制度、议礼乐、立宗庙、建宫室、创学校、设科举、拔隐逸、访遗老、举贤良、求方正、劝农桑、抑游惰、省刑罚、薄赋敛、尚名节、斥纵横、去冗员、黜酷吏、崇孝悌、赈困穷的政治主张，堪称元朝融入汉文化的奠基人。

（二）刘秉忠对太庙文化奠基的贡献

刘秉忠早在海迷失后年间就曾向忽必烈上万言策，提出"治乱之道，系乎天而由乎人""以马上取天下，不可以马上治"的主张，建议改革当时的弊政，建立各项政治、经济制度，如定百官爵禄、减赋税差役、劝农桑、兴学校等。他的主张对于忽必烈采用"汉法"起了有力的推动作用。中统元年（1260），忽必烈称帝，命刘秉忠制定各项制度，如立中书省为最高行政机构，建元中统，等等。至元元年（1264），忽必烈授刘秉忠光禄大夫、太保、参领中书省事、同知枢密院事。

刘秉忠受命后以天下为己任，凡国家大小事务，都知无不言，言无不尽，深得皇帝宠信，所推荐和提拔的人，后来大都成了名臣。至元三年（1266），刘秉忠受命在原燕京城（今北京）东北设计建造一座新的都城。新城规模宏伟，工程浩大，在刘秉忠和张柔、段桢等人的主持下，进展很快。至元六年（1269），刘秉忠还为皇帝制定官制，如朝见皇帝的礼节、百官的服饰及俸禄等。至元八年（1271），刘秉忠取《易经》"大哉乾元"之意，成功建议忽必烈将"大蒙古国"更名为"大元"。他不但为元朝建立了一系列政治制度，而且以《周礼·考工记》中关于都城建设的陈述为指导思想规划修建了元大都，被誉为"大元王朝的设计师"。至元十一年（1274）正月，大都宫阙全部建成，这为元大都太庙的创建奠定了文化基础和精神准备。元朝融入华夏文化，采用汉制，刘秉忠功不可没。

二、元代太庙的兴建与发展

在耶律楚材与刘秉忠对元代礼乐制度和太庙文化奠定的基础上，元朝在中统四年（1263）三月"初建太庙"，位于燕京城中。兴建太庙的建议是由翰林侍讲学士兼太常卿徐世隆提出的："世隆奏'陛下帝中国，当行中国事。事之大者，首惟祭祀，祭必有庙'，因以图上，乞敕有司以时兴建。"徐世隆的奏请得到了忽必烈的批准，至元三年（1266）十月"太庙成，丞相安童、伯颜言：'祖宗世数、尊谥庙号、增祀四世、各庙神主、配享功臣、法服祭器等事，皆宜定议。'命平章政事赵璧等集群臣议，定为八室"，随后奉迎"祖宗神御，奉安太室，而大飨礼成"，这基本上确立了元初太庙的格局。

后来元世祖忽必烈决定兴建大都新城，皇宫、园囿全都新建，太庙当然也不能继续留在旧燕京城中。至元十四年（1277）八月，忽必烈又在大都新城之中开始兴建元代的第二座太庙——新太庙。新太庙位于皇城的东面、大都新城东侧南门齐化门里面，体现出《周礼·考工记》"左祖右社"的都城设计思想。

至元十七年（1280）十二月，重新建造的太庙初具规模，建成正殿、寝殿、正南门及东西门。其规制是前庙后寝，正殿东西七间、南北五间，殿内分为七室；寝殿东西五间、南北三间，连接一圈形成一个城堡，四角是双层的建筑，叫作角楼。正南、正东、正西有宫门，每个宫门分为五个门，都称作神门。新太庙筑有三重高大的院墙，在外墙的东面、西面和南面各开一个棂星门，南门外的驰道，可以抵达齐化门大街。新太庙建成后，忽必烈下令将燕京城太庙中各位帝王的神主等迁移到大都城新太庙之中，行大祫之礼，并将燕京城的旧太庙拆毁。至元二十一年（1284）三月，新太庙的建造工作全部完毕。至大二年（1309）正月，元武宗用受尊号的名义拜谢太庙的先祖，这是元代皇帝亲自到太庙祭祀祖先的开始。

至治元年（1321）元英宗即位后，皇帝下诏书扩建太庙。至治三年（1323），在正殿的前面新建大殿十五间，原正殿改作寝殿。

元朝不仅很重视太庙祭祖，而且在太庙祭祖的建筑规制、祭祀礼仪制度中融入了汉族文化。据《析津志·祭祀志》记载：在太庙祭祀过程中"四孟以大祭，雅乐先进，国朝乐后进，如在朝礼"。这说明元代四孟祭祖和在朝礼都是雅乐先进而国乐后继之。元代的雅乐并不纯正：一是杂宋、金、元之器并用；二是在登歌、宫悬乐器的建制上也有与古制不符之处。

在元代初期忽必烈兴建太庙之时，庙中供奉的蒙古帝王的神主都是用木材制成的，这种规制符合古代太庙的规范。但是元武宗即位后，为了表示对祖先的尊崇，将诸位蒙古帝王的神主改为黄金制作，"改制金表神主，题写尊谥庙号……其旧制金表神主，以椟贮两旁，自是主皆范金作之，如金表之制"。因为太庙中的神主是用黄金制作的，故而此后连续出现了盗贼进入太庙，盗走仁宗及武宗神主的事情：至治三年（1323）十二月，"盗入太庙，窃仁宗及庄懿慈圣皇后金主"；泰定四年（1327）四月，"盗入太庙，窃武宗金主及祭器"。而到了元朝后期，至正六年（1346）五月，再次出现"盗窃太庙神主"事件。神主被盗之后，元朝统治者还是用黄金重新制作神主。

除了太庙神主，元朝统治者对太庙中供奉的各种祭祀器物也很重视，一旦获得奇珍异宝便供奉到太庙之中。如元军攻灭南宋，从江南搜刮到的珍贵祭祀器皿，即被送入太庙供奉。至元十二年（1275）十一月，"遣太常卿合丹以所获涂金爵三，献于太庙"。至元十四年（1277）正月，"以白玉碧玉水晶爵六，献于太庙"。至元十六年（1279）八月，又"以江南所获玉爵及坫凡四十九事，纳于太庙"。翌年八月，再"纳碧玉盏六、白玉盏十五于太庙"。后两次所供奉的各种珍贵祭器数量是较多的。

除了这些珍贵的祭器，元世祖时期的其他祭祀器物大多为陶瓦烧制。元武宗即位后，朝中大臣提出"太庙祠祭，故用瓦尊，乞代以银"的建议，得到赞同。元武宗即位之后，太庙的祭祀器皿也进行了更新，用白银制作的祭祀器皿与用黄金制作的帝王神主交相辉映，给太庙祭祀增添了更多的神秘色彩。但这对盗贼而言，也产生了更大的吸引力。他们进入太庙盗取帝王神主的同时，也会顺手偷走这些精美的祭祀器皿。

元朝在太庙中供奉的各种食品也很有其民族特色。中原农耕王朝供奉太庙时所使用的食品原料，基本上是人工饲养（种植）的，而元朝的游猎生活习惯，也体现到了供奉太庙的食品上。至元七年（1270）

十月，元世祖曾下令："敕来年太庙牲牢，勿用豢豕，以野豕代之，时果勿市，取之内园。"至元十年（1273）九月，元世祖又下令："敕自今秋猎鹿豕先荐太庙。"至元十三年（1276）九月，元世祖再下令："享于太庙，常馔外，益野豕、鹿、羊、葡萄酒。"元世祖多次提出供奉太庙要用野猪，不仅说明捕获野猪十分令人自豪，更为重要的是，他认为供奉皇帝亲自捕获的猎物，显得祭祖更加虔诚和尊崇。

元大都兴建的太庙，是元朝中央政府的一个重要组成部分，是蒙古族统治者认同中华民族农耕文化的一个重要标志。太庙所具有的这些重要功能，是其他任何一个官僚机构都无法取代的，也是不可或缺的。

三、太庙的重要文化作用

祭祖是中华民族的悠久传统，有着极为重要的文化地位，是全民的文化大事。从皇帝到民间，都要祭祖。官方公祭"三皇五帝"，民间"祠堂祭祖"，形成了"大统""大承"的文化现象，产生了超越血缘、地域、民族的亲和力、向心力、凝聚力，这是我国的恒基伟业，也是民族的精神遗产。

中华文明在发展的过程中，时间上没有中断过，空间上没有移动过。时空上的连续性、稳定性更加深了中华民族认同的深度和广度。姓氏和血缘、地域、民族有内在的联系，但又跨越血缘、地域、民族。不同地域、不同民族的人，同归一姓之下。姓下有分支，分支下又有分支。在家庙、祠堂中祭祀始祖、远祖，中华文化传承不息。

祭祀始迁祖是重视血脉传承的表现。中华始祖溯源大多归于"三皇五帝"，远祖均是有影响力的历史人物，都是道德典范、民族英雄，这是文化层面、精神层面的传承。始迁祖是"定居""归邑""落籍"的先人，世系甚明。中华民族不仅重视血缘传承，更重视"耕读传家""忠厚继世"的传承，率子孙承大德。德者，心中的道也。中国人在此基础上制定了"家规""家训""家法"，形成了爱家爱国的家风。"续谱""入祠堂"也是中国人的一个"底线"，对"不肖""连道""逆伦""叛国"者生要逐出家门，死不得进入宗祠，不得葬入祖茔。

因元世祖忽必烈"有功德于燕土"，使国家统一建立在多民族的基础之上，实乃"经国之大事"，"不可绝其血食"，洪武十年（1377）明太祖朱元璋在北平金城坊（今金融街）建元世祖庙，由地方官按时致祭。

顺治元年（1644）明清易鼎，满族皇帝取代了汉族皇帝。满族皇室明白仅凭"弓马之强"难以实现稳固统治，只有争取汉族的合作，爱新觉罗氏才能立足。顺治皇帝入主紫禁城后，将朱元璋等明代皇帝的神主由太庙迁往历代帝王庙，这是清朝对明朝的"尊同"，同时也昭示了清朝是继承明代正统的王朝。就这样，元朝的正统地位得到了明朝的认可，明朝的正统地位得到了清朝的认可。起自"三皇五帝"的中华祖先崇拜，不但没有因元、清两朝而中断，反而在新的基础之上，实现了更高层次上的统一。

下面我们将沿着历史的脚步来到明代，追寻明代太庙的前世今生，探索太庙和北京中轴线的密切关系，了解太庙在北京中轴线申遗中的重要地位。

第三章

明代四建太庙

想要读懂北京太庙，要知道两个前提条件。第一，北京太庙是世界上唯一一个两个朝代共同使用过的太庙。因为清代继承了明代的太庙，现在的太庙，既是明代的太庙，也是清代的太庙。第二，北京太庙是世界上唯一一个现存完整的太庙。中国只有大统一的王朝才能修建太庙。元代以前统一王朝的太庙，如秦代、汉代、晋代、隋代、唐代、北宋，无论它们当时多么雄伟壮丽，都早已在历史的烽烟中销声匿迹了。

知道了这两个前提，您就初步了解了北京太庙的珍贵。明代历史上曾经修建过四个太庙，分别是初建南京四亲庙、再建中都太庙、改建南京太庙、终建北京太庙。下面我们就来说说明代太庙诞生和沿革的历史。

第一节　朱元璋时期的明代太庙

一、朱元璋其人

朱元璋（1328—1398），濠州钟离（今安徽凤阳东北）人，幼名重八，参加农民起义后改名元璋，字国瑞，元末农民起义军首领之一，明朝开国皇帝（1368—1398年在位），史称明太祖。

朱元璋少时贫困，曾在皇觉寺为僧。元至正十二年（1352）参加郭子兴领导的红巾军反抗元朝，后自立一军。至正十六年（1356），攻占集庆路，并将其改为应天府（治今江苏南京）。至正二十一年（1361）被封为吴国公，至正二十四年（1364）改称吴王。至正二十八年（1368），朱元璋击败各路农民起义军后，在应天府称帝，国号大明，年号洪武。后结束了元朝在中原的统治，平定四川、广西、甘肃、云南等地，最终统一中国。

朱元璋在位期间，下令农民归耕，奖励垦荒；大搞移民屯田和军屯；组织各地农民兴修水利；大力提倡种植桑、麻、棉等经济作物。他还徙富民、抑豪强、下令解放奴婢等。经过洪武时期的努力，社会生产逐渐恢复和发展，史称"洪武之治"。

洪武三十一年（1398），朱元璋病逝于应天，享年七十一岁，葬南京明孝陵，庙号太祖。嘉靖十七年（1538），增谥"开天行道肇纪立极大圣至神仁文义武俊德成功高皇帝"。

除了上面讲到的政绩以外，朱元璋与历代皇帝不同的是：他推翻了蒙古族所建立的元朝后，重新建立了汉民族的大统一王朝。他所做的一件非常重要的工作就是"恢复中华"，即把元朝带有非汉族因素的文化，重新恢复为中华正统文化。这个工作就是重建华夏五千年的礼乐文化——规范祭天、祭祖礼乐，改定皇家雅乐，定名为中和韶乐，从中央到地方推行礼乐制度。其中最重要的几个举措是：吴王时期（1364—1367）建造吴王新宫（1366）的同时营建明初宗庙，称为"四亲庙"；洪武二年（1369）在凤阳兴建明中都，同时修建中都太庙；洪武八年（1375）改建南京太庙。

二、朱元璋与南京太庙

（一）朱元璋首建四亲庙

据史料记载，早在至正二十六年（1366）八月庚戌朔，朱元璋拓应天城时，就"命刘基等卜地定，作新宫于钟山之阳"，命有司"建庙社，立宫室"。至正二十七年（1367）九月，新宫落成。朱元璋在建造吴王新宫的同时营建了明初宗庙"四亲庙"，《明史·礼志》卷五十一中载有当时的宗庙格局。

（二）朱元璋兴建明中都太庙

洪武二年（1369），明太祖朱元璋下诏，在家乡凤阳营建中都，《明太祖实录》载洪武四年（1371）正月庚寅，建"……太庙于临濠。礼部奏：'临濠宗庙，宜如唐宋同堂异室之制。作前殿及寝殿，俱一十五间，殿之前俱为侧阶，东西傍各二间为夹室，如晋儒王肃所议。中三间通为一室，奉德祖皇帝（高祖朱百六）神主，以备祫（xiá）祭；东一间为一室，奉懿祖皇帝（曾祖朱四九）神主；西一间为一室，奉熙祖皇帝（祖父朱初一）神主。'从之"。明中都营建的太庙，采用的是"同堂异室"之制。

朱元璋举全国之力修建中都，是古代都城规划思想的一次理想化实践。明中都的建造力求奢华，体现了最高的规制和工艺，与其后整修的南京、北京皇城追求朴素坚固的风格有所不同。明中都宫殿遗址的考古发现，补充完善了中国建筑史元、明两大篇章之间的缺失，其设计理念、结构布局和工艺做法，无不体现出由宋元向明清过渡的特征。明中都主体宫殿对元代宫殿制度、规划思想的继承和创新，对明代南北两京宫城规划模式产生了深远影响，充分体现出各民族文化相互交流融合、中华文明多元一体化的历史进程。

可是，明中都由于种种原因被停建、废弃，洪武八年（1375）九月辛酉，朱元璋最终选择在金陵应天府（今南京）正式建都。

（三）朱元璋改建南京太庙

洪武八年（1375）九月辛酉，朱元璋下诏改建南京宫殿，同时改建南京太庙。次年新的太庙建成，由"四亲庙"改为"同堂异室"制。《明史·礼志》卷五十一中记载了改建后的南京太庙格局：改建之前，是四亲各为一庙，改建后也如中都之制改成了"同堂异室"制，即前面是正殿，后面是寝殿，东西两边都设有配殿；寝殿九间，以每一间为一室；德祖奉在中一室，懿祖奉在东边第一室，熙祖奉在西边第一室，仁祖（父亲朱五四）奉在东边第二室，神主都朝南。这里预备的香几、席子、床榻、被褥、竹箱、帷幔等器物，都和侍奉在世的皇帝一样。宝座上陈设着先祖的衣服和帽子，而不是安放着神主。由于皇室始祖所自出者未能考证，于是不行禘礼，只行祫祭。亲王在东墙配享，功臣在西墙配享。到洪武二十六年（1393），南京太庙制定了详细的时享祭祀礼仪。

（四）朱元璋神主归祔太庙

洪武三十一年（1398），朱元璋病逝于南京，享年七十一岁，庙号太祖，葬南京明孝陵。同年，太祖朱元璋的神主被归祔到太庙供奉。太祖的神主位于寝殿的西边第二室，面向南。奉请到正殿祭祀的时候，太祖的神主位于正殿神座右边第二位，面向东。

朱元璋在南京修建的辉煌且坚固无比的皇城，在他去世后不久，因重大政治变故，逐渐衰败，直至痕迹难寻。今天，南京修建了明故宫遗址公园，成为明皇宫和太庙永远的记忆。

第二节　明代北京城和北京太庙的肇建

因太子朱标的过早去世，洪武三十一年（1398），朱元璋将皇位传于孙子朱允炆，史称建文帝。建文帝听信亲信大臣齐泰、黄子澄等建议，采取一系列削藩措施，并在北平（今北京）周围及城内部署兵力，又以防边为名，把明太祖第四子燕王朱棣的护卫精兵调往塞外戍守，准备削除燕王。

一、朱棣称帝

朱棣（1360—1424），明太祖朱元璋第四子，明朝第三位皇帝，年号永乐，后世尊称永乐大帝，1402年至1424年在位。朱棣明初被封为燕王。建文帝即位后削藩，派人严密监视朱棣，还要抽调他的军队。朱棣无奈，于建文元年（1399）起兵攻打建文帝，史称"靖难之役"。

建文帝先后派大将耿炳文和李景隆统兵讨伐，但他缺乏谋略，不断损兵折将，而朱棣机智灵活，伺机出击。经几场大战，南军主力被全歼。建文四年（1402），朱棣攻下国都南京。战乱中建文帝下落不明，有人说在宫中自焚而死，有人说从地道逃跑，隐遁于偏远的云贵地区的寺庙为僧。

建文四年，朱棣在南京称帝。即位后，他进行政治机构改革，设置内阁；五次亲征蒙古，收复安南，在东北设奴儿干都指挥使司，在西北置哈密卫，在西南置大古剌、底马撒、底兀剌等宣慰使司，又设贵州承宣布政使司，巩固了南北边防，维护了中国版图的完整。他还多次派郑和下西洋，加强了中外友好往来以及对南海的经营，同时下旨编修《永乐大典》，疏浚大运河。永乐十九年（1421），朱棣迁都北京，这对明朝疆域的巩固和国力的发展起到了非常重要的作用。他在位期间，明朝经济繁荣、国力强盛，史称"永乐盛世"。朱棣驾崩后谥号为"体天弘道高明广运圣武神功纯仁至孝文皇帝"，庙号太宗，葬于长陵。嘉靖十七年（1538）九月，明世宗朱厚熜（cōng）为其改谥为"启天弘道高明肇运圣武神功纯仁至孝文皇帝"，改庙号为成祖，与明太祖合称为"明朝二祖"。

二、朱棣迁都北京城

朱棣在登上皇位之初，就深谋远虑，酝酿迁都，并在姚广孝的辅佐下开始营建北京城。最终历经近二十年，才将大明王朝的都城从南京迁到了北京。

酝酿迁都的过程并不容易，大致情况是这样的：

永乐元年（1403），礼部尚书李至刚等奏称：北平乃皇帝"龙兴之地"，应当效仿明太祖朱元璋对安徽凤阳的做法，立为陪都。这一建议正中朱棣下怀，于是下诏，擢升北平为北京，改北平府为顺天府，称为"行在"，并设置完备的朝廷机构。与此同时，山西等地迁入北京的人口日益增多。纷至沓来的移民们垦荒种田，经营生意，极大地促进了北京地区的经济发展及社会繁荣。

永乐四年（1406），朱棣下旨命工部尚书宋礼筹建北京宫殿。第二年，仁孝文皇后徐氏离世，永乐皇帝迟迟不在南京修建陵墓。直到两年后北巡，将北京昌平的黄土山选定为自己和徐皇后的安葬之地，更名为天寿山，这就是北京明十三陵的第一陵——长陵。

随着京杭大运河会通河段的重新疏浚，南北水运彻底打通，一批又一批能工巧匠、一船又一船木材石料，通过大运河源源不断地运往北京，营造紫禁城、迁都北京的计划正式提上日程。永乐十四年（1416），朱棣召集群臣，正式商议迁都北京的相关事宜。凡是反对迁都的大臣，均被革职查办。在扫清迁都路上一切障碍的同时，朱棣下令在燕王府旧宫的基础上翻建西宫，这就是后来的太液池西苑，即今之中南海。

永乐十八年（1420）十一月戊辰，大明王朝的新都城落成。据《明实录》记载，新修建的北京城"凡庙社、郊祀、坛场、宫殿、门阙，规制悉如南京，而高敞壮丽过之"。同年十一月初四，明太宗朱棣颁布《迁都诏》，自永乐十九年（1421）正月初一起，北京取代南京成为大明国都，改金陵应天府为南京、北平顺天府为京师，但在南京仍设六部等中央机构，以南京为留都。正月初一这天，六十二岁的朱棣在刚刚建成的奉天殿接受百官朝贺。至此，谋划了近二十年的迁都大计终于尘埃落定。

明成祖朱棣兴建并迁都北京城的目的是以强大的控制力，迫使北部边疆的故元及蒙古各部能各守其土、安居乐业，不再进攻明朝，这有利于国家统一，有利于百姓生活的安定，有利于经济的发展。纵观历史，明成祖的这一战略性计划，在当时收到了显著效果。

三、明成祖为何选址北京为都城

元代在燕京修建了繁华的大都，肇始了北京的中轴线。朱棣称帝后迁都北京，无论是从朝廷还是个人的角度，都是必然的选择。

北京地理位置优越，处于农耕文明与游牧文明交界地带，向东北可以控制广袤的关外地区，向南可以统领中原，同时，亦可对漠北元朝残余势力形成威慑。另外，朱棣长期镇守北平，群众基础好、声望高，这是他的根基所在。毫无疑问，将都城建在北京，更有利于政权巩固和经济社会发展。

四、紫禁城象征星宿中心

"紫禁城"这个名字取意于中国古代哲学和天文学。中国古代天文学把全天星官划分为三垣，周围环绕着二十八星宿，其中紫微垣位于中天，是所有星宿的中心。"紫"寓意皇家处于人间核心地位，被天下人拥戴，"禁"为皇家居住禁地，尊严至高无上。作为皇权象征的"紫禁城"的命名，可见古人的智慧。

与元大都不同的是，明代北京城由内城和外城组合而成，外城包裹着内城，内城包裹着皇城，皇城包裹着宫城，宫城周围又有护城河环绕，结构严密，形似玉玺。明代内城在元大都基础上修建而成，周长四十五里，城墙高十二米。内城里面的皇城周长十八里，也是在元大都基础上改建而成的。皇城设有北安、承天、东安、西安四个城门，并在承天门开辟一个"T"形广场，名叫"天街"，就是后来的天安门广场。皇城里面的宫城是皇帝居住的地方，沿用了南京宫城的名称，依然叫作紫禁城，周长六里十六步，同样设有四个城门，即南边的正午门，北边的玄武门，东边的东华门，西边的西华门。紫禁城内的建筑分为外朝和内廷两部分。外朝的中心为三大殿，是国家举行大型典礼的地方，内廷的中心是后三宫，是皇帝和皇后居住的正宫。

北京城的中心——紫禁城的修建，不仅规模浩大，而且精益求精。数十万能工巧匠、上百万民工，可谓历尽艰辛。现在的紫禁城位于北京中轴线中心，占地面积七十二万平方米，建筑面积十五万平方米，共有大小宫殿七十余座、房屋九千多间，集中国古代宫廷建筑之精华，不论资源耗费，还是工程质量和建筑水准，都远远超过了古都长安。直到今天，它依然是中国规模最大、保存最完整的木质结构古建筑群，堪称世界建筑史上的一大奇观。

五、明代中轴线蔚为大观

俯瞰明代北京城，一条南起永定门、北至钟鼓楼，直线距离长约七点八千米的中轴线清晰可见，由北向南，钟楼、鼓楼、北安门（今地安门）、内廷后三宫、外朝三大殿、大明门、正阳门等沿中轴线次第分布，蔚为大观。中轴线是古代北京城建设中最重要、最突出的成就。

永乐皇帝朱棣迁都北京，两京制形成，曾为南北双庙。北京的郊坛、宗庙、社稷坛等俱照南京规制而建，成为天子亲祀天地、宗社之所。南京原有坛庙仍举行天地、宗社祀典。因此，永乐迁都之后明代太庙就变为"一天下而有二庙、二主"的南北双庙制。祭礼是政治典礼，祭权是政治权力的表现，随着政治中心的转移，祭权势必会发生转移。在双庙制下，南京太庙由于失去权力支撑，难以避免被废的宿命。

明成祖朱棣兴建北京城并迁都，不仅对当时的国家发展和百姓福祉具有重大意义，今天看来，他还给中华子孙后代留下了无与伦比的文化遗产，其中包括大名鼎鼎、巍峨壮丽的太庙。因此，永乐大帝是值得永远纪念的一代明君，他对北京独特的地域文化做出了杰出贡献。

第三节　姚广孝与太庙的奇缘

作为一代高僧和智者，姚广孝的成就是多方面的，除了主持兴建北京城，他还主持监修了具有百科全书性质的《永乐大典》，监造了中国现存最大的青铜钟——永乐大钟。凡此种种，足以使他的名字流芳百世。

姚广孝不仅主持兴建了明代的北京城，实现了明成祖国都北迁的长远大计，而且对朱棣格外关注的太庙的建设也发挥了独特的作用。

一、巧解太庙至古尊

姚广孝精心设计的新北京城，形成了现在的格局：城市总体布局以中轴线为中心，左面为太庙，右面为社稷坛，前面为朝廷，后面为市场，即《周礼·考工记》所言"左祖右社""面朝后市"。北京社稷坛为正方形祭坛，象征国土辽阔。社稷坛由五色土堆积而成，东面为青土，南面为红土，西面为白土，北面为黑土，中间为黄土。五色土象征天下五个方位——东、南、西、北、中。在中国传统文化中，五个方位又与五方尊崇的神物结合，东方尊太昊，辅佐为木神；南方尊炎帝，辅佐为火神；西方尊少昊，辅佐为金神；北方尊颛顼，辅佐为水神；正中尊黄帝，辅佐为土神。故宫午门东侧的阙左门之外，就是太庙。

在姚广孝的辅佐下，明成祖在北京建造的宫殿，其规制不仅和南京的相同，而且更加讲究。北京太庙与北京紫禁城同时修建完工。《明史》中载："成祖迁都，建庙如南京制。"《明会典》中亦载有："永乐中，定都北京，建庙一如南京之制。"因此，北京太庙的形制与南京太庙相同，建在皇宫的左前方，亦即前为正殿，后为寝殿，殿翼有两庑。寝殿九间，间一室，奉藏神主，为"同堂异室"之制。前面正殿两旁的配殿如同展开的翅膀。后面的寝殿面阔九间，通透为一个大房间。神主都面向南方，备有香几、拜席等器物。

姚广孝和紫禁城外朝的太庙有着独特的关联。朱棣在姚广孝帮助谋划的"靖难之役"中夺取侄子建文帝的皇权而登极称帝，但终归心中怵惕，坊间也有说他"篡位"的议论。为了显示自己的名正言顺，他特别注重太庙的修建。因为，列祖列宗的祭祀权，是皇位继承人独享的权力，通过在太庙祭祀太祖和远祖，他可在皇族和朝廷中树立权威，巩固自己的统治权。因此，姚广孝在兴建北京太庙时，通过各种方法维护了朱棣的正统地位。

二、配享尊荣实名归

由于在朱棣走向皇位的过程中深谋远虑、设计规划北京城、编修《永乐大典》等卓越的贡献，姚广孝在生前、身后受到了皇帝加封的许多殊荣。

朱棣每次与姚广孝交谈，都称他为少师，而不直呼其名。据《钦定日下旧闻考》记载，朱棣曾高度评价姚广孝："广孝器宇恢宏，性怀冲澹。初学佛，名道衍，潜心内典，得其阃（kǔn）奥，发挥激昂，广博敷畅，波澜老成，大振宗风，旁通儒术，至诸子百家靡不贯穿，故其文章闳丽，诗律高简，皆超绝尘世。虽名人魁士，心服其能，每以为不及也……广孝德全始终，行通神明，功存社稷，泽及后世，若斯人者，使其栖栖于草野，不遇其时，以辅佐兴王之运，则亦安得播声光于宇宙，垂功名于竹帛哉？"

永乐十六年（1418）姚广孝去世后，被追赠荣国公，谥号"恭靖"，皇帝亲自撰写神道碑铭。以文臣身份入明祖庙，姚广孝是明代第一人，也是唯一一人。明仁宗朱高炽登基后，复加赠姚广孝"少师散官勋爵，谥号悉如故"，并特命将姚广孝配享成祖庙廷。在明太祖、成祖两朝配享太庙者，皆为出生入死的武臣，以文臣位列功臣配享者，仅有姚广孝一人，但姚广孝是实至名归。

三、太庙配享得复失

"功臣配享太庙"是中国古代皇帝授予臣子的一种特殊的荣誉，一般只有战功卓越的开国元勋和将领死后，其牌位才能被放到太庙里，和皇上的列祖列宗一块儿，享受后世皇帝的供奉。中国古代就讲究"盖棺论定"。按照常规，一位在一个朝代贡献巨大、地位显赫的人物去世后被皇帝批准配享太庙，既是他坚如磐石的荣耀，也是他的后代无上的荣耀。但是，姚广孝的荣耀却没有坚如磐石——竟然被剥夺配享的资格，牌位被迁出太庙。这在太庙历史上是十分罕见的重大变故。究竟是怎么回事呢？

嘉靖九年（1530），内阁首辅大臣李时、张璁等人上书嘉靖皇帝，提议将姚广孝的牌位从太庙移到佛教名寺大兴隆寺。嘉靖皇帝认为姚广孝虽然帮助朱棣夺取江山，但已经得享太庙百年，且一个和尚位居太庙确实不伦不类，所以下旨把姚广孝的牌位移到大兴隆寺去了，由朝廷官员祭拜。明清太庙功臣配享制度中，姚广孝也成为第一位先入后出的配享功臣。

第四节　嘉靖皇帝与"大礼议"事件

嘉靖皇帝与"大礼议"事件，表面上看是当朝皇帝极为重视太庙，实际上，任性的嘉靖皇帝对太庙的所作所为，给太庙的建筑格局造成了乱象，给太庙的礼制造成了混乱。与历代社会动荡所造成的"礼崩乐坏"不同，可以说这是源于当朝皇帝的一种"礼崩乐坏"。

一、庙制更改起争议

嘉靖初年，因为太庙祭祖的规制问题，嘉靖皇帝和坚持原则的言官大臣形成激烈冲突，酿成了明史上著名的"大礼议"事件：嘉靖皇帝不仅不听大臣的进谏，把太庙的"同堂异室"的"一庙制"复古改为"九庙制"，还在群臣谏议的情况下动用廷杖，大规模地给大臣"打板子"，有十几位大臣竟然被打死。这是对数千年形成的完善的礼乐制度的严重挑战和破坏。

事情的起因是，武宗朱厚照去世，由于他没有儿子可以继承帝位，皇太后张氏做主，将孝宗朱祐樘（chēng）的弟弟兴献王朱祐杬的儿子朱厚熜过继给孝宗，作为嗣子，这样他就算是武宗的弟弟，可以继承帝位。朱厚熜就是世宗嘉靖皇帝，他即位后本来应该认孝宗为父，称自己的父母为"本生父母"，但是他登极后的第一件事，就是下旨免去"本生"的称呼，并给亲生父亲朱祐杬追加皇帝的谥号。他的意思显然是不愿意再做孝宗嗣子，这和当初皇太后让他继位时的说法相矛盾。因此，群臣舆论哗然，认为世宗的做法不合大礼。于是，以尚书金献民、侍郎何孟春为首，共计二百二十九位朝臣，一起跪在左顺门进谏，劝皇上改变主意，形成了"群臣争大礼，聚哭左顺门"的局面。嘉靖皇帝知道后，命令司礼太监传旨，让进谏的群臣退下。群臣说，一定要得到圣谕才能退。从早晨到中午，世宗两次传旨，众官仍然跪着不起来。世宗龙颜大怒，命令锦衣卫校尉把为首者逮捕。修撰杨慎、检讨王元正等人用力摇晃左顺门的门扇，放声大哭。世宗更加恼怒，又命令把四品以下的朝臣马理、王相、毛玉、张曰韬等一百三十四人拘禁并实行廷杖，被廷杖的一百三十四人中共打死十七人。"大礼议"事件中，嘉靖皇帝把廷杖残害大臣的恶劣行径推向了高峰，是明代廷杖打死官员最多的一次，这种倒行逆施加速了明朝的衰亡。

后来，太庙遭雷击起火，造成了重大的损失，嘉靖皇帝才畏惧"上天的警示"，恢复了太庙固有的礼制。

二、明代残酷的廷杖制度

廷杖是指皇帝在朝堂或宫门口对大臣予以杖责。用通俗的话说，就是在朝廷上用棍子打大臣的屁股。廷杖早在汉代就有了。隋文帝杨坚常在殿下杖责大臣，唐玄宗曾在朝堂杖责监察御史等人，北魏、金代和元代也都使用过廷杖。以前各代的廷杖只是皇帝偶尔动怒，即兴所为，但到了明代逐渐形成制度，成为皇帝常用的惩罚朝臣的手段。

明代廷杖始于太祖朱元璋。洪武八年（1375），刑部主事茹太素上疏奏事——茹太素上书动辄几千上万字，朱元璋十分厌烦——朱元璋让中书郎王敏读给他听，念到六千多字时，还没有听出所以然来。朱元璋大怒说"虚词失实，浮文乱真，朕甚厌之"，就把茹太素叫来当面责问，并在朝堂施用杖刑。朱元璋打茹太素的意图是禁绝废话，提高效率。茹太素是明代第一个遭受廷杖的朝臣。永乐以后施行廷杖的次数越来越多。明代二百多年，廷杖一直在广泛使用，尤其以正德、嘉靖年间次数为最多。行刑时的仪式、方法逐渐形成了一整套比较固定的程序。

明代的廷杖大都在午门外进行，受刑者被用绳索绑住手脚，身上穿着囚衣，押出午门，午门随即关闭。午门前的空场上，百名校尉衣甲鲜丽，手执木棍左右排列，司礼太监宣读皇帝的批示以后，在午门西侧台阶下的左边就座。锦衣卫指挥使在右侧就座，手下听候差遣，往来奔走的有数十个人。不一会儿，校尉把受刑的犯官拉来，让他在指定的位置脸朝下趴在地上，掀起衣服，褪下裤子，露出屁股和大腿。司礼太监命令："搁棍！"两旁排列的校尉齐声大喝："搁棍！"这时一个人拿着一根大竹杖走出队列，把竹杖搁在犯官的大腿上。校尉们又按照司礼太监的命令齐声大喝："打！"于是，行刑者高举竹杖，打犯官的屁股。打了三下以后，校尉们又大喝："着实打！"行刑者更加用力打。在打的过程中，校尉们有时会按照司礼太监的眼色，大喝："用心打！"这是告诉行刑者往死里打。行刑者心领神会，打得更加凶狠。每打五下，行刑者要换一个人。校尉们照样用吆喝声来传达司礼太监的命令。每次喝令时，都先由一人发令，然后百名校尉齐声附和，喊声震天动地，正在挨打的犯官和等待挨打的犯官无不心惊胆战、全身发抖。不仅如此，打完屁股以后，四个校尉还要把犯官放在一块方形的布上，四人从四角用力把犯官抛向空中，然后重重地摔下，就是打不死，有的人也会被摔死。

因为太庙祭祀的问题大规模打朝廷大臣的屁股，而且打死了很多人，真是不可思议。这说明在中国古代，祭祀祖先是一个多么重大的事情！但"廷杖"这个刑罚，确实是太残酷了。

第四章

太庙清承明制

清代太庙建筑承袭明代。清代本无太庙，只有祭堂子的制度。崇德元年（1636），清太宗皇太极在盛京（今辽宁沈阳）建立宗庙。顺治元年（1644），清世祖福临入主北京，将明代的太庙变成清代的太庙，而将盛京的宗庙称作"四祖庙"。

承袭太庙制度是清王朝学习和吸收汉族文化的历史性进步，也是清王朝的明智之处。顺治皇帝及清代的王公贵族深知自己来自偏远的东北，对于统治偌大的中国来讲，实力确实不足，所以必须尊重汉族的文化传统，采用传承数千年的汉族礼仪制度，只有这样才能稳定全国的民心。把列祖列宗迎入太庙供奉，本身就是其学习吸收汉族文化的具体措施。北京太庙也由此成为唯一一个由两个朝代先后使用的太庙。

第一节　李自成烧毁太庙之谜

一、太庙兵燹（xiǎn）被火焚

明崇祯十七年（1644）农历三月十五日，李自成率领的农民起义军攻入居庸关，十六日攻克昌平，十七日围攻京城，十八日攻克外城，十九日攻入内城，明朝的崇祯皇帝思宗朱由检在煤山（今景山）上吊自杀。当天李自成进入承天门（即天安门），穿过午门，登皇极殿（即太和殿），随后在武英殿处理政事。四月，李自成率军征讨吴三桂兵败，退回北京，二十九日在武英殿即皇帝位，三十日焚宫殿，退出北京。以上是李自成攻入京城、紫禁城，称帝到败于吴三桂请来的清军，最后退出北京的简要过程。其中一个重要的情节是三十日"焚宫殿"。李自成的起义军逃走时焚烧了紫禁城，史书有着详细的记载。但是，和紫禁城紧邻的太庙是否也在这一天被焚毁，现有史料上没有任何确切的记载，只是后世有太庙被焚毁的传闻。

这种传闻并非空穴来风。根据中国封建社会改朝换代时新王朝必然要烧毁前朝宫殿和太庙及其祖陵，以灭绝龙脉王气的铁律，作为明朝正统统治象征的太庙，肯定是起义军焚烧的对象。早在崇祯八年（1635），起义军就烧毁了凤阳皇陵，攻克昌平以后，起义军又焚烧了天寿山部分明代皇陵。所以，对腐朽的明王朝怀有深仇大恨的起义军，在迫不得已逃离北京的时候，先放火焚烧紫禁城的宫室，如果时间允许，一定会放火焚烧太庙。

二、遭火未毁乃万幸

那么，太庙是否真的被败走的李自成起义军烧毁了呢？事实并非如此。

第一，史书上明确的记载是"焚宫殿"，范围所指仅限于"宫殿"，并未提及太庙。就太庙的重要地位来看，如果它真的被焚毁，史书绝不会遗漏而不予记载。据清代李天根（云墟散人）所著南明史书《爝火录》记载，清顺治元年、明崇祯十七年（1644）四月二十九日，李自成"僭帝号于武英殿，追尊七代皆为帝后……下午，贼（即李自成）命运草入宫城，塞诸殿门。是夕，焚宫殿及九门城楼"，三十日"李自成先走……出宫时，用大炮打入诸殿。又令诸贼各寓皆放火。日晡，火发，狂焰交奋……门楼既崩，城门之下皆火……日夕，各草场火起，光耀如同白昼，喊声、炮声彻夜不绝"。从这段文字不难看出，李自成放火烧了明皇宫和北京九门，然后落荒而逃，丝毫没有提到太庙。所以，根据"焚宫殿"三字断定太庙被李自成烧毁，并非历史事实，因而不能成立。

第二，从其他的历史记载还可以看出，明末皇宫劫后之余，唯太庙和武英殿保存完好。同年五月初，清睿亲王多尔衮率军抵北京，进朝阳门，临武英殿处理政事。六月中，多尔衮及诸王、贝勒、大臣开会，决定建都北京。九月中，建堂子于御河桥东，路南，顺治皇帝由盛京抵京。九月末，供奉太祖、太宗神主于太庙。从六月中多尔衮决定建都北京，到九月末顺治皇帝福临"奉太祖太宗……神主于太庙"仅三个多月，顺治皇帝来到北京也不足半月，如果太庙被焚毁，岂能供奉神主？如果是重建的话，绝不可能这样快。再说，史书记载了九月"己亥，建堂子"，建太庙比建堂子要重要得多，如果建了太庙，史书上无论如何都会记载的。

所以，可以得出结论：太庙根本就没被李自成的起义军焚毁。因而，清朝才能轻易地占据明朝先帝享受香火的地方，顺治皇帝在从东北到达北京后不足半月，就毫无愧色地把努尔哈赤、皇太极的牌位摆进了太庙。

太庙没被李自成的起义军焚毁还有两条旁证。

一是清朝统治者进入北京，事务繁多，百废待兴，出于统治的需要，肯定要复建或修复焚毁的宫殿。例如，《清史稿》中记载，顺治二年（1645）五月，即顺治皇帝进京八个月后，"乾清宫成，复建太和殿、中和殿、位育宫"。可是，一直到顺治五年（1648）六月"癸亥"，才"太庙成"。请注意：这是在使用了明朝的太庙近四年后，清朝才将太庙逐步修复而成。这也完全可以说明顺治元年（1644）太庙没有被大火焚烧，而是基本完好，所以清朝才能实施"拿来主义"。与之相反的是，由于皇极殿（即太和殿）被李自成烧毁，十月初顺治皇帝只好在皇极门（即太和门）张设御幄，颁诏天下，定鼎北京。

二是太庙大殿六十八根十几米高、一米多粗的大柱，全部不施油饰，故木材的纹理质地清晰可见，均为金丝楠木无疑。所有大柱表面因年代久远造成的风化程度一致，均为明代的遗物，这是许多古代建筑专家共同的结论。因为，如此巨大的金丝楠木，在明代就已经砍伐殆尽，到了清初，几近没有了。所以清朝重修太和殿时，还得从东北老家运来红松顶替，根本没有那么多金丝楠木大柱用来修缮太庙。这是一条重要的证据。所以，笔者认为，精美的太庙没有被明末的战火焚毁，而是留给了清朝。

第二节　祭祖场所说变迁

了解清代太庙，需要明白四个问题：一是清代在北京建太庙了没有；二是清代的真太庙和假太庙；三是清朝在哪儿建了个小太庙；四是清代本民族祭祖场所是否被保留下来。

一、太庙变换神主位

清代在北京建太庙了没有？答案是没有。事实是清代直接继承了明代的太庙。先期进入北京的多尔衮，没有像历史上改朝换代的新统治者一样，把旧朝的皇宫和太庙一把火烧掉，以灭掉前朝的龙气，而是保留下来继续使用。不管其主观上的意图如何，这都是为中华民族做了一件大好事，使得我们今天还能够看到这金碧辉煌的故宫和太庙。顺治元年（1644），爱新觉罗·福临来到北京的第一件大事，就是把保存在太庙的明代帝后的神主移到历代帝王庙，把清朝的祖先牌位安放到了太庙。于是，明朝的太庙就变成了清朝的太庙。

二、沈阳故宫无太庙

清代的真太庙和假太庙。清代在山海关外的沈阳故宫曾经建"四祖庙"，后被称为"太庙"。导游解说时将其称为"太庙"可以理解，但从学术意义上讲，沈阳故宫的"四祖庙"并不是真正意义上的太庙，应当属于"宗庙"。因为太庙是中国统一王朝的天子才能拥有的神圣的祭祖场所，而努尔哈赤在关外自己称王，先不说明朝是否承认，其在本质上顶多属于藩王级别。所以，沈阳故宫的"太庙"并非真正的太庙。

三、模仿太庙而约之

清朝在哪儿建了个小太庙？答案是在北京中轴线上。故宫神武门路北的景山公园内，有一组清代皇家祭祀祖先的殿堂，即寿皇殿。寿皇殿明代就有，是朝廷礼制建筑之一，偏居景山御苑内东北角。清代的寿皇殿始建于乾隆十四年（1749），位置移建在景山正北，于是进入北京中轴线。其建筑规制模仿太庙而约之，故有人称其为"小太庙"。虽然都是祭祀祖先的场所，但是二者的功能和地位有很大区别。太庙是国庙，巍峨庄严，气势浩大，功能是朝廷正式祭祀皇帝列祖列宗的地方，寿皇殿则要小很多。太庙享殿面阔六十八点二米，进深三十点二米；寿皇殿面阔二十米，进深四点二米。寿皇殿是平日供奉从康熙到光绪八代皇帝皇后的画像和牌位的地方，古称"神御殿"，在元旦、岁暮、令节及皇帝诞辰、忌辰时，皇室恭至行礼。景山寿皇殿于1954年被辟为北京市少年宫，1956年1月正式交付使用，2009年回归景山公园。后寿皇殿建筑群经过四年的规划修缮，于2018年11月22日正式向公众免费开放。

四、堂子仍留学新礼

清代本民族祭祖场所是否被保留下来？答案是清朝入主北京以后，礼乐祭祀采用汉制，但为了不忘记本民族的根脉习俗，便在北京修建了堂子。堂子位于今南河沿南口路北、北京饭店贵宾楼所在地，始建于顺治元年（1644）。堂子为满族对神庙的称呼，供奉清军入关前战死的四位祖先的遗物。清朝建立政权后，凡有重大的政治、军事行动，就在庙内举行祭拜、誓师仪式，当时称"谒庙"。乾隆时期将"谒庙"改成"谒堂子"。堂子的主要建筑有祭神殿、圜殿及尚神殿，圜殿前有一个皇帝致祭时的神杆石座。"堂子祭天"被列为清王朝的吉礼之一。如今南河沿处的堂子已经无存。

第三节　多尔衮配享二进庙

清代也有一位大名鼎鼎的开国功臣经历了与姚广孝相似但更为曲折的遭遇。下面就让我们了解一下清代太庙的故事。清代，与太庙关系特殊的有两个人，一是多尔衮，二是乾隆皇帝。

一、皇父摄政享帝礼

爱新觉罗·多尔衮（1612—1650），清太祖努尔哈赤第十四子、大妃阿巴亥第二子，皇太极之弟，出生于赫图阿拉（今辽宁省新宾县老城）。清初杰出的政治家和军事家，立下卓越战功。皇太极死后，多尔衮和济尔哈朗以辅政王身份辅佐皇太极第九子福临即帝位，称摄政王；顺治元年（1644）指挥清军入关，清朝入主中原，先后被封为叔父摄政王、皇叔父摄政王、皇父摄政王；顺治七年（1650）冬死于塞北狩猎途中。顺治帝闻之"震悼"，率王公大臣缟服东直门外，迎多尔衮遗体，下诏追尊为"懋德修道广业定功安民立政诚敬义皇帝"，庙号成宗。顺治八年（1651）正月，尊多尔衮正宫元妃博尔济吉特氏为义皇后，祔享太庙，享受帝后之礼。

但是，多尔衮死后不久，其政敌便纷纷出来翻案。几个月后，多尔衮便被剥夺封号，并被毁墓掘尸，牌位被撤出太庙。不仅如此，连他的生母努尔哈赤的大妃阿巴亥也受到牵连，被剥夺了太庙配享的权利。多尔衮突然从荣誉的顶峰跌落下来，完全是统治阶级内部矛盾斗争的结果。但是，多尔衮对于清王朝所立下的功绩也绝不是政治对手们的几条莫须有之罪就能掩盖的。

二、平反追谥终配享

乾隆帝当政时，发布诏令，正式为多尔衮翻案。乾隆四十三年（1778），乾隆帝为多尔衮平反，恢复其睿亲王封号，评价他"定国开基，以成一统之业，厥功最著"。乾隆帝下令为他修复坟茔，复其封号，"追谥曰忠，补入玉牒"。如此铁案又再度被翻了过来。至此，清代对多尔衮的评价才算有了定论，他的牌位也再次进入太庙，不过不能进入皇帝的行列，而是进入太庙前殿东配殿享受功臣配享的待遇。

说到为多尔衮平反的乾隆帝，自然会想到他与太庙的特殊关联。下面，我们就说说乾隆帝与太庙的故事。

第四节　乾隆太庙多衷情

两百多年前，乾隆皇帝登上了北京紫禁城太和殿皇帝的宝座。在清军入关后的十位皇帝中，他是最具有传奇色彩的一位：受过良好的文化教育，具有良好的政治才能和艺术天赋，二十五岁即位，八十五岁退位，整整做了六十年皇帝，一生显赫至尊，晚年五世同堂，成为中国最长寿的皇帝之一。儒家传统文化在他的头脑中烙印很深，使他对传统文化中重要的组成部分——祭祀活动，特别是对祭祀祖先非常重视，十分虔诚。每次祭祖，乾隆皇帝都亲到并极为认真地履行祭祀的礼仪程序。据统计，他在位期间，到太庙祭祖时享七十六次，祫祭五十九次，共达一百三十五次之多。他不仅在太庙留下了很多足迹，同时也对太庙做出了一些特殊的贡献。

一、太庙悠然成美景

据史书和清朝档案记载，乾隆皇帝在位时曾多次修缮太庙。例如，《日下旧闻考》中记载，继位之初，乾隆皇帝即下谕："国家式崇太庙，妥侑列祖神灵，岁时祇荐明禋，典礼允宜隆备。今庙貌崇严，而轩楹榱桷久未增饰，理应敬谨相视，慎重缮修，以昭黝垩示新之敬。"这段话的大意是说：邦国和家族历来十分重视太庙祭祖，妥善地供奉着列祖列宗的神位，每年按照规定的时间荐新和祭祀，典章和仪式应当隆重；现在太庙的样子十分高大庄严，但门窗椽子很久没有油饰了，应当尊敬和谨慎地看待，慎重地进行修缮，用来向祖先表示尊重。在这种思想的指导下，乾隆二年（1737）即对太庙进行了一次大规模的修缮，历时四年才完工，使三百余年的太庙面貌焕然一新。

乾隆皇帝下令引水入太庙戟门玉带河、增设汉白玉栏杆是扮靓太庙风光的点睛之笔。太庙戟门是明初修建的，门前有一条弯弓似的河道贯穿东西，河上有七座石桥。这些石桥是皇帝和王公大臣们祭祖时的必经之路，但当初桥下并没有水，是象征性的河流，而且桥上也没有栏杆，显得有些朴实简陋。乾隆二十三年（1758），乾隆皇帝下令设立内务府总理工程处，负责勘测、设计、修建宫殿园囿及热河行宫等重大工程，以及对皇家建筑的修缮。乾隆二十四年（1759），清军继续征讨大小和卓控制的地区，并杀掉了这两个叛军的首领，天山南北路实现了安定。平定回疆的军事行动结束之后，乾隆皇帝对太庙进行了一次全面的修缮，新开了寝殿通往祧庙的东、西两个侧门。乾隆二十五年（1760）正月，受俘礼在午门举行。受俘之前，照例告祭太庙。来到太庙，乾隆皇帝发现经多次修缮的太庙规整辉煌，但他对玉带河很不满意。一是因为河中无水，是干沟，是一种缺憾；二是桥上没有栏杆，很不美观，与金碧辉煌的戟门和太庙享殿十分不协调。于是乾隆皇帝下令引来金水河的水，流经原来没有水的玉带河。乾隆二十八年（1763），他又下令对玉带河七座桥和二十六块汉白玉栏板及望柱进行拆改，增加了二百八十八块栏板和望柱，增建了两座水闸，使玉带河流水充盈。玉带河因有水而增加了灵气，愈加美丽。

二、礼器崇古心益诚

乾隆皇帝曾经对祭品、祭器制度进行改革。根据《皇朝文献通考》记载：他废除了先皇帝制定的坛庙祭器"范铜为器"，即以青铜、金银等金属铸造祭祀器具的规定，标新立异地提出了独到的遵古仿古思想。他说："考之前古……诸祭器，或用金玉以示贵重，或用陶匏以崇质素……历代相承，去古浸远……我朝坛庙陈设祭品亦用瓷，盖沿前明之旧……朕思坛庙祭器既遵用古名，则祭器自应悉仿古制，一体更正，以备隆仪。著大学士会同该部稽核经图，审其名物度数，制作款式，折衷至当，详议绘图以闻，朕将亲为审定。"乾隆皇帝这段话的意思是：考察古代的各种祭器，有的用金玉制造表示贵重，有的用陶器和葫芦等制作表示推崇质朴……可是，后来历代继承古代祭器制作标准的时候，却逐步改变，离古代的规范越来越远……我们清代用此制作祭器，也是沿袭前朝演变后的规矩……我经过思考认为，祭器既然遵用古代的名字，就应该全部仿照古制，所以要全部地按照古制进行更改，以使祭祀更能适合古朴隆重的本意。现在我下令让大学士和主管祭祀的部门，查找对照古代经书上记载的图样，确定各种祭器应当备存的数量和款式，详细地向我汇报，并且要画出图样，我将亲自进行审定。由此我们可以看出：首先，乾隆皇帝对祭器十分重视，必须亲自审定；其次，乾隆皇帝认为质朴的祭器才更加接近周礼。这种"厚古薄今"的观念，对盲目使用贵重材料制作祭器的传统是一种有意义的改革。在乾隆皇帝的亲自推动下，清代坛庙的祭器全部改为朴实无华的漆器、陶器和匏器（葫芦器）。

三、御制诗文展才情

乾隆皇帝是中国写诗最多的皇帝，一生共写诗四万多首。在这些诗作当中，有不少是关于在太庙祭祀祖先的诗，现代人不太好懂，举个例子并作翻译。

孟秋时享太庙

玉斗回旋届指庚，金舆凤驾紫鸾鸣。

裔皇礼乐陈清庙，纠缦云霞焕宝楹。

陟降俨临神鉴赫，显承佑启泰阶平。

礼成肃穆瞻霄汉，何限依迟霜露情。

（乾隆庚申御笔）

这首祭祖诗写于乾隆五年（1740），为秋天的第二个月到太庙寝殿进行名为"时享"的祭祀祖先活动时所写。内容是用诗的语言记录了到太庙祭祖的大致过程和心情。大意是：掰着指头计算时间，到秋天祭祀祖先的时候了，我乘坐着豪华的车辇，铃铛在清脆地响；清晨，礼乐队伍排列在路边，太庙缠绕着云霞般美丽的帷幔；我走上台阶又走下台阶，庄严地在铜镜前整理自己显赫的仪容，又把祭祀的祝版高高地举过头顶，小心地保护着并轻轻地打开向祖先展示，虔诚的心境使我觉得高高的台阶也变得平坦了；祭祀的礼仪完成以后，我神情肃穆地仰望着因焚烧玉帛而直冲云天的青烟，心里想着祖先对我的赐福一定会大大地超过我这微不足道的祭祀之情。

乾隆皇帝所写的这首祭祀祖先的诗，有叙述，有描写，有抒情，语言华美，声情并茂，应当是佳作。阅读这首诗，能使我们在几百年以后朦胧地感受到当时皇帝祭祀祖先的情景和心情，对我们进一步了解和感受太庙的祭祀文化是很有帮助的。

四、扩建太庙真伪辨

乾隆皇帝和太庙渊源颇深，关于太庙享殿有一种说法就和他有关——将享殿从九间扩建为十一间。至于乾隆皇帝扩建太庙享殿的原因，有人说是当时殿内已经供奉了九位先皇的牌位，没有空余位置，乾隆皇帝怕自己死后没有地方放牌位，为了能入祭太庙，于是在乾隆二十五年（1760）将太庙享殿的九间扩建为十一间。他死后，其子嘉庆皇帝（颙琰）为他举行了神主入庙典礼。这个故事好像证据确凿，许多人信以为真。其实，这种误解是由于对太庙祭祖的规矩不了解。因此，我们要先把中国古代太庙祭祖的基本常识介绍一下。

中国古代太庙祭祖有着悠久的历史，到周朝形成了定制，在整个封建社会一直沿用。太庙是天子祭祖的场所，诸侯王祭祖的地方只能叫宗庙，不能叫太庙。后人祭祀的对象是祖先的灵位，是用木材加工的牌位。周朝规定天子九庙，后来演化为一个庙堂中供奉九位祖先的牌位。若超过了九代，就把中间的牌位转到寝殿的石柜中保存，这叫"祧迁制度"。有了这个制度，就解决了所谓"没有空余位置"的问题。被"祧迁"的祖先牌位，年终都会被请出来，按顺序排列到大殿进行祭祀，不会被冷落或遗忘。

康熙皇帝曾经宣称太庙祖先永不祧迁，但清朝还没有遇到祧迁问题就灭亡了。关于乾隆时期并不存在"没有空余位置"的问题，具体说明如下。

第一，所谓乾隆时太庙九位神主已经占满了太庙享殿的九间，没有了乾隆皇帝的位置，所以他要扩建到十一间，将来好摆放自己的牌位这个问题，是不存在的。因为太庙享殿是举行祭祖大典的地方，并不是平日供奉祖先牌位的地方。祖先的牌位平日是供奉在寝殿的。

第二，即使是只有九间的寝殿，也不存在"没有空余位置"的问题。因为虽然前四代远祖（肇祖、兴祖、景祖和显祖），再加上努尔哈赤、皇太极、福临、玄烨、胤禛，正好九位，但太庙早在明弘治四年（1491）就兴建了供奉远祖的祧庙。清代完全继承了明代太庙的规矩，前四代远祖也是在祧庙供奉，所以乾隆皇帝的前面只有五位先皇，即使是九间，也还有四个空余位置。

第三，即使先祖的牌位平日供奉在寝殿，也不是按照面阔简单地分为九间，而是采用"夹室制度"，即分为十五个夹室（亦称寝宫）。享殿平日不供奉祖先的牌位，只是在祭祖大典的时候才把牌位请到殿中，按照"昭穆制度"排列在正面和左右两边的供桌上进行祭祀，即使牌位的数量多，也可以摆放得下。事实上，乾隆以后还有嘉庆、道光、咸丰、同治、光绪、宣统六位皇帝，从努尔哈赤算起共计十二位皇帝，如果按照"太庙九间，乾隆皇帝没地方放牌位"和"永不祧迁"的说法，即使是十一间也放不下。此外，乾隆皇帝治二十五宝印玺，期许清朝能够传承二十五代，按他的理想，十一间更是不够用，九间扩建为十一间不也是白忙活了吗？

第四，根据古代建筑专家对太庙享殿大木结构的全面测绘和考察得出的结论——无论其构架的类型、构建的材质、用材的等级，还是彩画形式，都表现出典型的明代特征——表明享殿主体的木架结构没有被改变，也就不存在扩建到十一间的可能性。

以上四点雄辩地说明了乾隆皇帝没有扩建太庙享殿，只是进行了修缮。那为什么会出现九间扩建为十一间的说法呢？这当是统计方法的不同造成的误解。明朝说面阔九间，是忽略了两个小间。清朝说面阔十一间，是以柱子为准，加一根柱子就加一间，不管间量大小。

至此，清朝乾隆皇帝扩建太庙享殿，将九间改为十一间的说法，应当有了一个明确的答案。

第五章

太庙的起源和发展

说起太庙，一个人们十分熟悉的典故"子入太庙每事问"，指出了太庙的神秘：有一次，学识渊博的孔圣人好不容易得到了进入太庙的机会，便抓住每一个细节，认认真真地学习了太庙的知识。特别需要指出的是，孔子进入的太庙是鲁国始祖周公的庙，并非后世天下统一王朝的太庙。即便是一个封国的宗庙，都留下了影响如此深远的故事，两千五百多年以后的现代人，更应该对明清两个统一王朝留下的太庙有一个深入的了解，以传承中华优秀传统文化，实现中华民族伟大复兴。

第一节　太庙的性质功能与外部关系

太庙是宗庙的最高形式，是中国统一王朝国都营建的规制，是东方文化独特的代表性建筑之一。北京太庙是中国历史上唯一没有在改朝换代中焚毁、唯一由两个统一的王朝先后使用过的太庙，它不仅是北京中轴线建筑之眼，而且是中华祖先崇拜和礼乐文化传承的重要场所。太庙建筑、太庙祭祀、太庙礼乐所凝聚的祖先崇拜是中华文化的精髓之一，它所传承的礼仪乐舞是中华艺术的经典。

古人说太庙是天子明堂，有些外国人称太庙是紫禁城。所有在太庙举行的活动，几乎都打上了"紫禁城"的标记。说太庙是紫禁城没有问题，因为太庙就是紫禁城的一部分。但民间对太庙有很多不同的、不太科学、不太明确的认识。比如，现在古装电视剧里涉及太庙的内容很多是错误的——有些电视剧说老太妃在太庙停灵，太庙有地宫，宫女自罚到太庙去做苦工……这些都是不可能出现的。因为过去九坛八庙中，女性唯一能参加的祭祀在北海公园的先蚕坛。先蚕坛是要由皇后亲祭的，祭祀的是黄帝的妻子嫘祖，养蚕就是她发明的。因为是祭祀一个伟大的女性祖先，所以由皇后亲祭。

鉴于人们对太庙有诸多的讹传和误解，我们先通过比较太庙与宗庙、寺庙、明堂、社稷坛、紫禁城之间的联系与区别，来加深对于太庙性质和功能的认识。

一、太庙宗庙有高下

最初礼祭始祖的场所叫太庙，其他的叫宗庙。太庙起源于宗庙，宗庙起源于庙堂，而庙堂起源于"朝"。在后来的建筑发展中，祭祖的功能转移到当时的"大房子"，部落管理、祭天、祭祖都在这里。后来"大房子"演变成早期的宫殿，形成了天与人的区分、人与祖先的区分。宫殿主要承担管理职能，祭天回归到露天的"朝"，但建成了高台，这就是天坛的原始形态。天是自然神，所以要离天更近，祭天就必须露天举行，而视死如生的观念决定了祭祖要在室内举行。所以当建筑发展为宫殿以后，人们就专门建造宫殿用于祭祖，这就是"庙"，即宗庙、太庙的最初形态。这样，"礼有三本"[①]关系的建筑载

---

① 礼之三本为天地、先祖、君师。

体就完整建立了，"上事天，下事地，宗事先祖而宠君师"成为朝廷的核心文化，代代相承。发展到周朝，周公总结前代的经验"制礼作乐"，"左祖右社"的规制也随之形成。周朝以后，只有统一王朝的天子才有权力祭祀全民族的共同祖先，各地的诸侯是没有权力的，所以天子的祭祀场所才能叫太庙，诸侯的祭祀场所只能叫宗庙。但此时太庙在皇城之左的具体位置还没有确定，各朝各代不尽相同。到隋文帝时，太庙正式进入都城，建在了大兴城内。

二、太庙寺庙本不同

"庙"是中国本土文化中的一个字，是一种建筑的名字。它有多个意思，其中包括祖庙和庙堂。这里的庙堂是指朝廷。"寺"本是中国古代的一个官署名，也不是外来词。比如古代的大理寺主审理案件，鸿胪寺主国家礼仪，光禄寺主重大庆典和祭祀的吃食，太仆寺主为皇家养马，实际上这个"寺"是中国本土的"寺"。那么外来的佛教场所的"寺"是怎么产生的呢？据说源自"白马驮经"的故事：东汉时的汉明帝梦到了佛祖，就派使者去取经，使者用白马把经书驮回洛阳，并在鸿胪寺暂住，后来汉明帝就专门给取经人新建了一个住处，因为是用白马驮来的，他又曾经在"寺"这个地方暂住过，所以叫白马寺，佛教场所的名字就变成了"寺"。后来老百姓就把寺和庙都联系起来一起说，好像寺就是庙，庙就是寺，庙和寺都变成宗教场所了。

三、太庙明堂非一体

明堂与太庙的关系误区很多，古书里面的记载就比较混乱。《礼记·明堂位》说"太庙，天子明堂"，古《周礼》《孝经》说"明堂，文王之庙"，古代说这叫"互训"，即互相证明明堂就是太庙。但实际上明堂并不是太庙。太庙是用来祭祖的，明堂是用来祭天兼祭祖、宣布政令、会盟诸侯的，所以明堂是一个政治性的建筑，太庙是专门的祭祀性建筑。

周朝之前明堂和太庙的功能是混在一起的，到了周朝，专门建立了明堂，明堂和太庙就分开了。后来的历朝历代一直都把明堂和太庙分开。宋朝时候的天坛、明堂都是要祭天的，一年要祭天四次，冬至祭天，正月祈谷，六月祈雨，九月在明堂祭天，祭天的同时祭祖，同时宣扬祖先的功绩。所以说明堂和太庙的功能是不一样的。

四、太庙社稷分左右

社稷坛是祭祀土神和谷神的场所。土和地不一样，土是长庄稼的土，地是大地。社稷坛中，社是土神，稷是谷神，稷是周朝的祖先，被尊为农业之神，亦称谷神。祭祀谷神是农耕文化的重要内容，是为了祈祷庄稼的丰收。因为只有农业大丰收了，老百姓才能吃饱饭、穿暖衣，这是生存繁衍的基本需求。百姓吃饱穿暖，国家才能安定，所以说社稷就象征着国家。

"左祖右社"是根据《周礼·考工记》记述的周朝皇城的规制"匠人营国，方九里，旁三门。国中九经九纬，经涂九轨，左祖右社，面朝后市，市朝一夫"确定的。

"左祖"指皇城的左前方是太庙，"右社"指皇城的右前方是社稷坛。明清皇城紫禁城正是按此规制兴建的。

五、太庙故宫与紫禁

太庙是明、清两代皇帝祭祀祖先的场所。在位置布局上，太庙在天安门的东侧，太和殿的东南方，太庙距离太和殿仅一箭之遥。这是历史上皇城太庙离朝廷主殿最近的距离，可见太庙在国家政治、文化、精神上与皇权联结得多么紧密。但是，距离近、内涵联系紧密，并不意味着融合。不仅不融合，在形式上还有明显的、严格的区分。太庙与朝廷完全是独立的区域，用高达九米的红墙分隔。太庙是独立的建筑群，自身就有三道红墙。故宫与太庙紧密相邻，故宫旧称"紫禁城"，是明、清两代的皇宫，它们都位于南北中轴线上，但功能不同。

六、太庙改为文化宫

1924年以前，这里是名副其实的太庙，即国庙。1924年，太庙被北洋政府短暂开辟为"和平公园"，1931年被故宫博物院接收，改为故宫分院。中华人民共和国成立后，太庙被划拨给北京市总工会，成为北京市劳动人民文化宫，正式向劳动人民开放，直到今天。从国家重点文物保护单位的角度看，它依然是太庙，只不过其中的可移动文物被移交给了故宫博物院。从功能上看，这里是劳动人民举行文化活动的场所，是带有旅游性质的公园。现代文化宫中所发生的重大历史事件，也应该是中轴线发展变化的重要内容。

综上所述，由于封建社会与我们的时代相去甚远，太庙改为北京市劳动人民文化宫也已经七十多年，许多年轻人并不了解太庙的性质和作用，而与中国文化传统有很大差异的外国人，就更不了解太庙是什么所在了。北京人虽然可以经常步入太庙，但是使他们记忆犹新的是其中的文化、艺术课堂和展览，使他们恋恋不舍的是在这里举办了多年的书市。雅尼音乐会和《图兰朵》使许多外国人记住了太庙，记住了金碧辉煌的紫禁城，可他们所了解到的知识，对于太庙博大精深的历史内涵来说，还只是冰山一角。

历史的车轮滚动到21世纪，人类对自身历史文化的发展情况显现出了高度的重视，产生了世界性的文化寻根热潮。在中国，也出现了以往任何时代都不曾有过的对中华优秀传统文化的高度重视。所以，我们十分有必要对在中国传统文化中占有独特地位的太庙及其祭祖文化做一个相对全面和深刻的介绍。

下面，我们就把镜头转到古代的中华大地上，仔细讲解一下太庙的起源及其漫长的变迁过程。

第二节　太庙溯源与变迁

中华太庙从远古萌芽发展而来，在朝代的变更中不断变迁。北京地区从周朝的燕国开始有了宗庙，从元朝开始连续出现了三个统一的王朝。元朝虽然是草原民族建立的政权，但融入华夏文化，成为中华统一的王朝，建都北京，称元大都。它诚惶诚恐、认认真真地兴建太庙，按照华夏礼乐祭祀祖先，这是一个划时代的变迁。在北京地区，无论是宗庙，还是太庙，都融汇于中华祖先崇拜文化的巨大洪流当中。但是太庙毕竟离现代社会生活很远，所以，有必要较为完整地介绍一下北京地区封建诸侯国的宗庙和统一王朝国都的太庙的历史变迁。

太庙作为统一王朝国都的"身份证"，对北京城具有极为重要的意义。但是，北京的这个"身份证"，并不是从元代才开始拥有的，早在三千多年前周朝的燕国，北京地区就已经有了宗庙。根据古代典籍中有关都城的定义，城市拥有宗庙，便可称"都"，没有宗庙，则叫作"邑"。太庙这个源头，要从北京建城三千多年的历史说起：燕国在今河北北部和辽宁西端，建都蓟（今北京西南隅）。那个时候就已经有宗庙了。研究中轴线，必须明白两个基础问题：一是太庙（宗庙）的来龙去脉，二是北京太庙（宗庙）的来龙去脉。下面就较为详细地进行介绍。

一、先秦时期

（一）先祖祭祀起于朝

说起太庙的起源和发展，需要先说一下"朝"的概念。"朝"，即早朝的朝。甲骨文中的"朝"字有一种写法，是"日"和"月"在四个"草"之中，表示太阳已出草中而月亮尚未隐没。[①]"朝"是一个会意字，可以理解为一个空旷的场地。古代人早上开大会的时候，人多没有那么大的房子，就选择户外空旷的场地，并把这个空旷的场地叫作朝。这和古代人对太阳神的崇拜有关系，"左祖右社"也和原始崇拜有关系。

---

① 张赪主编，《汉语简史》，北京语言大学出版社，2016年版。

天子皇城"三朝五门"，也是周朝皇城建筑的规制。这个"朝"比"大房子"还要早，它是祭祀、占卜、议政、决策的场所，后来逐步演化为三殿。北京故宫紫禁城的三殿，明代前期叫奉天殿、华盖殿、谨身殿，后来嘉靖皇帝改为皇极殿、中极殿、建极殿，清朝改为太和殿、中和殿、保和殿。"五门"是指皋门、库门、雉门、应门、路门。对应紫禁城的门，明朝是大明门、承天门、端门、午门、奉天门，清朝是大清门、天安门、端门、午门、乾清门。这是一个架构、一种制度，这就是天子的威仪，天子的权威要通过建筑表现出来。

（二）最早宗庙大地湾

仰韶文化晚期的甘肃秦安大地湾遗址F901号大房子，占地四百二十平方米，是保存较完整的多件复合式建筑，也是我国新石器时代考古发现中迄今所见规模最大、结构最为复杂的建筑。该建筑是部落联盟的公共活动中心，是用于集会、祭祀的宏伟而庄严的部落会堂。

此时的大地湾已经有比较完善的庙的雏形了。这种大房子比较长，有附属建筑，前面还有廊子。这个附属建筑里可以收藏牌位、祭祀对象的象征物以及一些祭品。前面的廊子可以举办大型祭祀礼仪活动。庙位于建筑中心，是最大的建筑，而且是对称格局，有开放性的主室。

F901号大房子为多空间的复合体建筑，其主体为梯形平面的大室，面积约一百三十平方米。特点：①位于聚落中心；②为全聚落最大建筑，并为庄重的对称格局，强调中轴线对称；③开放性的主室具有堂的性质；④敞篷是所谓的前轩，"堂"前设"轩"，大有"天子临轩"的味道；⑤堂的正面并列三门，沟通前轩，反映实用上的群众性和礼仪性；⑥"前堂后室"并设"旁""夹"的格局，与史籍中的"夏后氏世室"形制相合。

（三）最早太庙牛河梁

作为红山文化晚期的典型代表，牛河梁遗址中的"坛、庙、冢"是距今五千多年时出现在我国东北地区的一处高规格的祭祀礼仪活动中心，绝非一个氏族甚至一个部落所能拥有，而是一个更大的文化共同体崇拜共同祖先的圣地。其神像是由五千五百年前的红山人模拟真人塑造的祖神像，是当时众多部落的共祖，而不是后人想象创造的神。从这个意义上说，红山文化牛河梁女神庙是最早的"太庙"，里面有女神像。所以，牛河梁遗址中祭祀祖先的巨大庙堂，从其祭祀共主的性质来看，应该是中国最早的太庙。

（四）良渚祭祖在祭坛

位于浙江省杭州市余杭区良渚遗址中心部位的莫角山，为一个人工修筑的台形基址，东西长约六百七十米，南北宽约四百五十米，面积约三十万平方米，高出地面数米。良渚遗址中目前已发现了面积超过一千四百平方米的大型夯土基址，基址上曾建有规模空前的祭坛类巨型建筑物。远古的祭坛是没有建筑物的，既然有大型建筑物，就应当是殿堂，考古学家称之为"宫殿遗址"。这种宫殿可能尚未脱离原始"大房子"祭祖、祭天和议政功能合一的阶段，也有可能功能分离，那么宗庙的功能就已经独立出来。倘若是众多部落的共同祖先的祭祀场所，就可以看成太庙的雏形。良渚遗址出土的众多祭祀礼器，进一步证明了这种推断。这也是太庙建筑发展史上的一个非常重要的遗址，这些祭坛与太庙的关系需要进一步研究。

总之，大地湾的大房子、牛河梁的坛庙冢、杭州的良渚文化祭坛，应该是中国五千年文明曙光期的重要文化载体。这时候还没有到炎黄时期，就已经奠定了华夏文明的基础，可以说祭祀在中华民族的观念中埋下了深深的根、永久的根。

（五）夏代宗庙已规范

夏代的国都中设有宗庙，已经被考古发掘证实。在河南堰师二里头夏代都城的遗址中，发现了一处宫殿群基址，规模宏大，结构复杂，总面积约一万平方米，四周为廊庑式建筑，中为庭院和殿堂，其平面布局和后世的宗庙十分相似。经专家研究论定，这一宫殿遗址是夏代宗庙遗址。

（六）殷商宗庙名称多

商朝祭祖是非常隆重且频繁的，平时每一王的祭日都要祭祀，每年要有大祭祀，隔五年还要有更大的集中祭祀。祭祀场所的名称也多，如"宗""家""亚"等，多达十余种。这也出现了一些问题，如祭祀时间和祭祀财物的大量消耗。例如，牛作为祭品被大量杀掉，而牛也是当时重要的农耕生产力要素。此外，还有使用人殉的不良习俗。所以，后来周朝对祭祖方式进行了改革。

（七）周朝宗庙规制全

太庙作为独立的建筑出现在周朝，并形成了"左祖右社"的宗庙制度。周朝宗庙的地位很高。周人虽称以天为尊，地为次，祖先又次，但实际上宗庙比郊坛和社坛更为重要。《礼记·祭义》云："建国之神位，右社稷而左宗庙。"郑玄注："周尚左也。"[1]

（八）春秋战国宗庙变

春秋战国时期祭祀制度有了重大变化。商、西周时期，祭祀非常重

---

[1] 杜希宙、黄涛编著，《中国历代祭礼》，北京图书馆出版社，1998 年版。

要，出土的很多甲骨文是占卜用的：今天应不应该出兵？应不应该接见外宾？但是到春秋战国时期，就以人为主了——国王主政，他的决断是最重要的——祭祀就变成对祖先表达崇拜、尊敬的一种形式，祭祖的观念发生了变化。

春秋时期，虽战争频仍，但遵周礼的祭祖之风大盛；战国时代，宗庙祭祀祖先在诸侯国中已经得到完全巩固，各国都建有庄严的宗庙。这一时期，太庙祭祖的形式变化不大，但内涵已发生了变化。原先对祖先的敬畏与祈求，在"敬德""明德"的人文观念冲击浸染下，已转化为"志意思慕之情""报本反始"，即"慎终追远，民德归厚矣"，这成为人文精神极为浓郁的伦理观念。

北京建城三千多年，从诸侯国开始，就应该有宗庙。位于现在房山区的燕国是周朝的一个诸侯国，20世纪70年代初在北京市房山区琉璃河镇董家林村开始发掘的周朝燕都遗址，面积达五点二五平方千米，不仅发掘出了燕国都城的城址和位于都城东南方的燕国贵族墓葬区，而且出土了大批珍贵文物，特别是青铜礼器。其中，带有铭文的堇鼎、伯矩鬲（lì）、克盉（hé）、克罍（léi）等青铜重器，足以证明这里是燕国的都城，距今已有三千多年的历史。出土的青铜礼器中有用于祭祀的重要礼器，如堇鼎重达四十一点五千克，伯矩鬲全器铸造大小牛头七个，造型精妙绝伦，艺术水平很高。克盉、克罍则出土于学术界公认的一代燕侯的墓葬1193号大墓，两件铸有几乎完全相同的铭文。这样的重器应当置于宗庙，然后在燕王去世后随葬在陵墓当中。周朝已有"左祖右社"的兴建国都的规范，同时根据《左传·庄公二十八年》的说法"凡邑，有宗庙先君之主曰都"，我们可以推断周朝的燕国都城存在着燕国王室的宗庙。

战国的宗庙有点奇怪。今天的石景山有金顶街、模式口，这个"顶"就是"鼎"，有鼎的地方是宗庙。那为什么又叫模式口呢？因为太庙还有存放兵器的功能。战国时期没有专门的军队，平时大家都干活劳作，有了战争才集合起来分发兵器，平时兵器都存放在太庙。打完仗以后兵器有磨损，要对它们进行重新打磨，修复完好以后再存放起来备用，所以叫"磨室"，后来俗读成为"模式"。

燕国一开始建都在石景山附近，后来搬到今广安门附近，但它的宗庙没有搬到广安门。因为这时候的燕国国君和之前的燕国国君虽然都是燕王，一脉相承，但是这种姻亲关系已经疏远了，所以跟以前燕国的太庙不是太亲，就没有搬过来。

燕国的太庙历史有较为可靠的记载。《史记》中记载，燕国大将乐毅在其《报遗燕惠王书》中追叙自己率赵、楚、韩、魏、燕五国之兵以伐齐的功绩时说："臣……轻卒锐兵，长驱至国。齐王遁而走莒……珠玉财宝车甲珍器尽收入于燕。齐器设于宁台，大吕陈于元英，故鼎反乎磨室……"意思是说：乐毅指挥军队长驱直入攻入齐国的国都临淄，齐王逃跑到莒这个地方。燕国的军队把齐国的珍宝都缴获为战利品运回燕国，将一般的器物放在宁台这个地方，把乐器放在元英宫，将原本是燕国太庙祭祀祖先的器物——鼎仍旧放回原来的地方，也就是"磨室"。在这些以"金鼎"为名的地点之间，有一个村子叫作"磨石口"，"磨石"就是"磨室"以讹传讹的写法，这个"磨石口"就是因邻近陈设燕国重器"鼎"的燕王宗庙——磨室而得名的。

根据上述史料的记载和分析，可以推测北京在燕昭王在位时期（前311—前279）就有了宗庙。但是，目前尚未发现对于周朝燕国宗庙样式、规模以及祭祀礼仪的详细记载，只有等待新的史料和文物发掘了。

二、秦汉时期

（一）秦代太庙承周制

秦代采用"天子七庙"制度。秦始皇焚书坑儒，被称为暴君，好像他完全和周朝的礼乐制度相对立，实际上不是的。战国时期，其他六国都离周朝比较远，秦朝反而离周朝比较近——更加标准地沿用了周朝的礼乐制度。在秦始皇之前，秦国共有三十几位祖先。秦国当时属东周的诸侯国，祭祖也采用周朝的七庙制度。在远祖祭祀方面，秦国历代遵循"国之大事在祀与戎"的礼制思想，早在秦襄公被封为诸侯不久，就开始争取天帝祭祀权。秦国以少昊为远祖，在公元前770年设置西畤，祭祀白帝；后秦宣公立密畤于渭南，祭祀青帝；秦灵公在吴阳置上畤，祭祀黄帝，置下畤，祭祀炎帝。特别是秦始皇，他沿着军事和祭祀两个方面推进统一大业，即到泰山封禅，还到云梦泽祭祀舜帝，而且十分虔诚，仅斋戒沐浴就好多天。

为了保证祭祀礼仪大典的雅正、庄严、隆重，在祭祀的礼乐方面，秦始皇建立了中国最早的"乐府"官署。1976年，秦始皇陵区出土了一件钮钟，上书错金铭文"乐府"；2000年，西安秦遗址又出土"乐府承印"封泥一枚，进一步肯定了乐府始于秦朝而非汉武帝时期这一史实。[①]秦朝太庙祭祖制度齐备严谨，十分专业。

---

① 徐元勇著，《中国古代音乐史研究备览》，安徽文艺出版社，2012年版。

（二）汉代庙多归同堂

汉初统治者于长安立宗庙，但当时各诸侯王国也都立有祖宗之庙，直到汉元帝时才下令废去。汉高祖刘邦死后，有每月出游高祖衣冠的礼仪，在高庙之外又别建"原庙"，收藏高祖衣冠、车驾。宗庙之外，汉代帝王陵墓旁都建有寝殿，仿其生前起居闲宴之所，这一制度为后代沿用。新朝王莽改制改成九庙，建了一大堆。东汉的都城在洛阳，洛阳的九庙是焚毁后又重修的，恢复了同堂异室的规制。

三、魏晋南北朝时期

魏晋南北朝时期，在玄学和佛道思想的冲击下，传统中国的孝道、伦理观念和祭祖的传统，受到前所未有的挑战。佛门信徒因不拜祭祖先，被士大夫群起而攻之，形成一场大辩论。南北朝时期的颜之推在其《颜氏家训》中表示："四时祭祀，周孔所教，欲人勿死其亲，不忘孝道也……有时斋供，及七月半盂兰盆，望于汝也。"他告诫子孙，必须虔诚地依时祭祖，以明孝道，并且要重视盂兰盆节。颜之推的家训，体现出儒佛整合后的时代面貌。魏晋南北朝时期的人非常自由、散漫，佛教在这时候盛行起来，导致民间基本上放弃了儒家的礼仪规矩。但是，皇家的祭祖并没有因此而发生大的变化，朝廷仍然坚守着太庙祭祖的传统，皇帝把几千年传承的祭祖仪式保留了下来，这对皇家太庙的文化传承有非常重要的作用。

四、隋唐时期

（一）隋代太庙进都城

开皇元年（581），隋朝建立，结束了自西晋末年以来长达二百多年的分裂局面，重新实现了国家统一。隋初沿袭北周五庙制度，隋文帝杨坚下令在同州为其父杨忠修建宗庙，追谥杨忠为武元皇帝，立高祖及其以下曾、祖、父共四庙。隋太祖杨忠为隋皇帝宗庙始祖，其庙世世不迁。太祖庙以前的三祖庙，随世代递进，亲尽后依次迁回。对于太庙的营建，隋文帝杨坚改变了汉魏以来某些城市规划的惯例，如改变了三代以来面朝后市的都城布局，但保留了"左祖右社"的传统规制，即在安上门以东安置太庙，在含光门以西建社稷坛。隋朝虽然历史较短，但是一个重要的节点——隋朝以前的国都没有皇城，而隋朝都城大兴城（唐代长安城的前身）不仅建有皇城，还单建了一个皇宫，如此国都就变成三重了。这是太庙第一次正式地进入都城，"左祖右社"规制初步得到实现，对后来的长安城等历代统一王朝的国都规划建设都产生了非常深刻的影响。

（二）唐代庙祭成典章

在隋朝覆亡的废墟上崛起的新王朝——唐朝，不仅承袭了三代尤其是汉晋以来政治、经济、文化各方面的发展成果，特别是承袭了隋朝所奠定的太庙等典章制度，还将其继续发展完善，最终经过积极的努力，把这些成果推上了顶峰。唐朝的典章制度不仅具有权威性，而且具有总结性，成为后代仿效的蓝本，产生了广泛深远的影响。

唐代都城长安是在隋代大兴城基础上发展起来的。按照古礼，天子七庙，即考、王考、皇考、显考、祖考和远祧两个庙。隋义宁二年（618）三月，立有四庙，享献祖宣皇帝、懿祖光皇帝、太祖景皇帝、世祖元皇帝四位追封皇帝。后高祖李渊、太宗李世民、高宗李治、中宗李显、睿宗李旦相继崩逝，于是成为九庙。以后各位皇帝或者迁移远祖到他处，或者祔于某庙，九庙的数量一直保持不变，直到晚唐时

期才形成十一庙。唐代中后期，太常寺掌管太庙。唐代太庙的主要祭祀情况见下表。^①

唐代太庙主要祭祀情况表

皇帝	祭祀时间	出处	备注	迁先祖神主	本人神主祔庙
高祖	隋义宁二年（618）三月，立太庙四室	《旧唐书》卷一，中华书局1975年版，第5页	五月，祔神主；太庙为四室	无	贞观九年（635）十月戊申
太宗	贞观三年（629）正月戊午	《旧唐书》卷二，中华书局1975年版，第36页	无	迁弘农府君	贞观二十三年（649）八月庚子
	贞观十七年（643）四月十一日	《唐会要》卷十三，中华书局1955年版，第301页	废太子，故也		
高宗	永徽三年（652）正月丙子	《册府元龟》卷三十，中华书局1960年版，第323页	《旧唐书》作丙子日	迁宣皇帝	文明元年（684）八月
	乾封元年（666）四月八日	《唐会要》卷十三，中华书局1955年版，第301页	无		
	总章元年（668）十一月十九日	《唐会要》卷十三，中华书局1955年版，第301页	无		
	仪凤元年（676）正月十四日	《唐会要》卷十三，中华书局1955年版，第301页	无		
中宗	神龙元年（705）十一月六日	《唐会要》卷十三，中华书局1955年版，第301页	神龙二年（706），中宗，太庙为七室	迁义宗	景云元年（710）冬十一月

---

① 王琪，《论唐代的太庙祭祀》，《乾陵文化研究》，2010年第1期。（表格为节选，有改动）

续表

皇帝	祭祀时间	出处	备注	迁先祖神主	本人神主袝庙
睿宗	景云三年（712）正月一日	《唐会要》卷十三，中华书局1955年版，第301页	造中宗庙于太庙西	迁中宗	开元四年（716）
	太极元年（712）正月辛未	《册府元龟》卷三十，中华书局1960年版，第324页	无		
玄宗	先天元年（712）十月四日	《唐会要》卷十三，中华书局1955年版，第301页	无	迁献祖宣皇帝	宝应二年（763）
	开元六年（718）十月六日	《唐会要》卷十三，中华书局1955年版，第301页	无		
	开元十七年（729）十一月四日	《唐会要》卷十三，中华书局1955年版，第302页	无		
	天宝元年（742）二月十八日	《唐会要》卷十三，中华书局1955年版，第302页	无		
	天宝六年（747）正月十七日	《唐会要》卷十三，中华书局1955年版，第302页	无		
	天宝十年（751）正月九日至十日	《唐会要》卷十三，中华书局1955年版，第302页	无		
	天宝十三年（754）二月癸酉	《旧唐书》卷五，中华书局1975年版，第149页	《唐会要》载八日		

续表

皇帝	祭祀时间	出处	备注	迁先祖神主	本人神主祔庙
肃宗	乾元元年（758）四月三日	《唐会要》卷十三，中华书局1955年版，第302页	无	迁懿祖光皇帝	宝应二年（763）
	乾元二年（759）十一月二十九日	《唐会要》卷十三，中华书局1955年版，第302页	无		
代宗	广德二年（764）二月十七日	《唐会要》卷十三，中华书局1955年版，第302页	无	迁世祖元皇帝	大历十四年（779）十二月丁酉
昭宗	龙纪元年（889）十一月甲寅	《册府元龟》卷三一，中华书局1960年版，第334页	无	迁顺宗	天祐二年（905）二月己未
	天复元年（901）四月	《唐会要》卷十三，中华书局1955年版，第303页	无		

五、宋辽金元时期

（一）宋太庙战乱坚守

经历了五代十国国家分裂的长期动乱，宋太祖建国后不久就进行太庙礼制建设。建隆元年（960），宋太祖采用隋唐以来的传统建立四亲庙，将太庙设为四室，每室三间，并追尊太祖以上的高、曾、祖、父四代，分别祔入四庙（室），其庙号依次为僖祖、顺祖、翼祖和宣祖，主要祭祀之礼实行"禘祭"和"祫祭"，"三年一祫，以孟冬；五年一禘，以孟夏"。

北宋仁宗朝禘祭、袷祭表[①]

公元纪年	1023	1025	1028	1030	1033	1035	1038	1040	1042	1044	1047	1049	1052	1054	1057	1059	1062
干支纪年	天圣元年	天圣三年	天圣六年	天圣八年	明道二年	景祐二年	宝元元年	康定元年	庆历二年	庆历四年	庆历七年	皇祐元年	皇祐四年	至和元年	嘉祐二年	嘉祐四年	嘉祐七年
祭名	禘	袷	禘	袷	禘	袷	禘	袷	禘	袷	禘	袷	禘	袷	禘	袷	禘

　　元丰五年（1082），宋神宗废除了禘礼，原因是年代久远，祖先源头无法确认。据史书记载，宋神宗谓宰臣曰："'禘者，所以审禘祖之所自出，故礼，不王不禘。秦、汉以来，谱牒不明，莫知祖之所自出，则禘礼可废也。'宰臣蔡确等以为圣训得禘之本意，非诸儒所及。乃诏罢禘享。"[②]

　　北宋王朝祭祀祖宗的场所，除太庙外还有景灵宫。两者的区别在于：太庙用来供奉先帝的神主，景灵宫则用来供奉已经故去帝后的神御（画像），在每年四季的孟月举行祭享。景灵宫的建造是从宋真宗大中祥符五年（1012）开始的。当时因称有圣主降临，于是新建宫殿，以奉祠圣祖，并命名为"景灵"，故称景灵宫。宋神宗元丰五年，建景灵宫十一殿，将原在各寺观供奉的祖先的"神御"，全都迎入宫中，并合以帝后画像，按时荐享祭奠。此后，宫内开始不断修建供奉祖先

----

① 表内信息源自《宋史·礼志十·禘袷》。

② 见《文献通考·宗庙考十二·袷禘》。

的"神御殿"，用来奉安已故帝后的御容，尔后又有塑像、金像、玉石像等。至北宋末年已有斋宫廊庑两千三百多座，历朝文臣执政官、武臣节度使以上都绘有画像陪祀。

北宋靖康二年（1127），汴京（今开封）陷落，北宋灭亡。康王赵构即皇帝位，改元建炎，在金兵进逼下，无奈放弃中原，向南退却。南宋初建，仍为金人所扰，命运多舛，生灵涂炭，国无定都，朝廷四处流亡，从建康府（今南京）跑到扬州、镇江、温州、越州，不断奔逃。在扬州时，太庙神主暂存扬州寿宁寺。在渡江奔镇江时，太常寺少卿季陵派亲事官背负太庙神主的牌位随之过江，由于行程匆忙，在逃亡途中竟将宋太祖的神牌丢失，后用重赏才得以找回。金兵穷追不舍，镇江不保。十月，金兵渡江南下，宋高宗赵构连同朝廷携太庙神主被迫逃往浙东沿海。金兵追踪而至，高宗君臣只得乘船入海，后漂泊至温州避难。建炎四年（1130）二月，高宗一行避居温州江心寺。其时，金兵乘船追击三百余里，因遇风暴，无功而返。四月，高宗自海上回到越州，绍兴二年（1132）终于返回杭州。其间太庙神主暂存温州。由于没有太庙，南宋祭祀祖先的活动都在宫中举行。直至绍兴五年（1135），临安太庙建成，太常寺少卿张铢从温州迎回太庙神主，五月二日"车驾行款谒礼"，七月中开始荐享太庙。后宋金南北分治，时局逐渐平稳，绍兴十九年（1149）得以兴建宫殿，重修太庙。咸淳元年（1265），南宋太庙规模不断扩大，其功能也逐渐完善。

南宋朝廷极为重视太庙祭祀之礼，每年的四孟和季冬，即每季的第一个月和冬季的最后一个月，都要举行朝享太庙之礼，即"五享"，由赵氏宗族诸王主持。每月初一则另由太常寺卿进献新祭，每逢三年冬季的第一个月举行一次袷祭，由皇帝亲自主持，"即庙行礼，次诣诸室，恭行祀典"。①南宋对朝享太庙用的礼器和祭器也有规定，即"太庙之祭，以行俎豆礼"。

南宋太庙的祭祀活动十分频繁，朝廷如有重要事情发生，皇帝也要亲赴太庙，告奉祖宗神灵。新皇帝继位，要立即亲赴太庙，进行朝享之礼，以求列祖列宗保佑国泰民安。

北宋和南宋的太庙已经被烧掉了，南宋的太庙遗址是在1995年发现的。现在我们看它的遗存物，柱础上雕的龙非常精美。我们总说南宋积贫积弱，但实际上它的经济非常发达，而且宋朝时，卤簿仪仗规模是非常庞大的，达到一万多人，说明那时候皇帝对祖先祭祀高度重视且十分隆重。

（二）辽代南京御容殿

辽代建国后，随着疆域的扩大，设置了五京（上京、中京、东京、西京、南京），作为统治全国的政治、军事中心，燕京（今北京）是辽代的南京。"五京制度"虽与辽代统治者的民族文化习俗、城市生活用品供给有关系，但本质上和辽代契丹族是游牧民族有关系——一年四季依据气候逐水草而居。辽代的祖先是东胡人的后代鲜卑人，他们也尊炎帝、黄帝为祖先，接受汉文化的同时保留着自己民族的特点，所以，辽代统治者的治国叫"因俗而治"，采用南官制度和北官制度，南官制度就是汉族制度。但实际上他们的官员包括太子都非常尊崇儒家经典，他们在游牧的基础上建了五个都城，建都城的时候就遵循着汉朝都城的规制。

---

① ［宋］吴自牧著，《梦粱录》，浙江人民出版社，1980 年版。

辽南京最繁华，周长达十八千米，面积居五京之首，建筑颇为富丽。皇城偏西南隅，分为宫殿区和皇家园林区，其中宫殿区偏于皇城东部，向南突出到皇城的城墙以外。《辽史》中记载：皇城有"景宗（耶律贤）、圣宗（耶律隆绪）御容殿二"。辽国"因俗而治"，崇奉儒学，统治阶层大都熟知传统的汉文化典籍，近年在辽西京（今大同）发现了太庙遗址。辽南京建有相当于太庙的御容殿，天庆十年（1120）金占领上京，燕京成为辽国的代都城，御容殿就正式成为太庙。

（三）金中都祭衍庆宫

金海陵王完颜亮在燕京兴建了金中都，金中都的规制和建筑样式完全模仿汉制，建造得非常华丽。贞元元年（1153），完颜亮将金朝都城从上京迁到了燕京，并改燕京为中都，修缮了许多旧有的寺庙，增建了许多新的寺庙。与此同时，他恭敬隆重地把祖宗的神位迁到了新的都城，在城南的千步廊建造了一个巨大的宗庙，叫作衍庆宫，里面供奉金太祖画像十二幅，包括立像、坐像、戎装像、半身像等。金代宗庙的建筑也是"左祖右社"规制，但建在城外，其祭祀大典的所有礼仪都完全仿照汉制。贞元三年（1155）十一月，金代祖宗神位被正式安放在宗庙。金代从大定十一年（1171）开始举行祭天的典礼，并且在祭天的前一天一定要先到宗庙祭祀祖先。金代宗庙的规模和形制，史书记载的资料不多，我们无法确切地了解，但是可以通过北京房山金陵遗址的规模加以推断。

（四）元代太庙多珍宝

蒙古族是游牧民族，不断向全世界扩张，最终形成四个大汗国。后来忽必烈建都大都（今北京），采取汉制，以"左祖右社"的规制兴建了元大都，建立中原式的太庙。元代供奉先祖的宫殿"神御殿"

亦称"影堂"，其祭祀礼仪采用汉制，但仍由蒙古巫祝致辞。武宗至大元年（1308），元代太庙神主曾改用黄金制作，结果立即成为盗窃的绝好目标，此后三十余年间三次严重失窃。

六、明清时期

（一）明代太庙成典范

明初有南、北二庙。嘉靖十三年（1534），南京太庙因火灾被毁，便不再恢复，只将遗址筑墙封闭。北京太庙初建时就位于紫禁城端门之左，嘉靖时曾改用古制，分立九庙，建好后不久就被一场大火烧毁八庙，只好仍旧采用"同堂异室"的一庙制，从此一直没有改变。最终，明朝的太庙在建筑、礼仪等所有方面均成为中国数千年太庙祭祖的总结性成果，成为一种成熟的典范，被来自东北地区的清朝保留并接受。

北京太庙建成以后，明朝各代皇帝大多对太庙进行过修缮，主要工程如下：

正统十一年（1446），修理太庙、社稷坛完工。天顺元年（1457），修太庙、社稷坛神道、御道、墙垣完工。弘治四年（1491）二月，营建太庙后殿，派保国公朱永、工部尚书贾俊负责施工事宜；十月维修太庙和神宫监。弘治七年（1494）九月，修孝陵、太庙。正德十五年（1520）四月，修太庙前后殿、东西配殿、神库、神厨。嘉靖十三年（1534），南京太庙失火烧毁，皇帝下令不再修建南京太庙，至此，北京、南京同时存在太庙的"双庙制"结束了。万历三年（1575）四月，兴工修太庙和社稷坛。

崇祯十六年（1643）仲夏，天下大雨，雷霆通夕不止。次日，太庙的神主横七竖八地倒着，祭祀的铜器亦被雷火所击，"融而成灰"。①

太庙遭到雷火的袭击，在古代社会是一种极为不祥的征兆。在当时的观念看来，这是上天的警示。按照"天人合一""君权神授"的思想，这是人间的皇帝犯了管理国家不善的重大过失，江山社稷受到重大伤害，面临重大危机。时隔不久，李自成领导的农民起义军攻破北京，崇祯皇帝朱由检仓皇逃至景山歪脖树下自缢身亡。再后，吴三桂领清兵入关，李自成逃走，北京城头变换了王旗。从此，中国历史上最后一个由少数民族建立的统一王朝——清朝入主北京，演出了中国古代历史舞台上的最后一个剧目。面对从白山黑水走来的清朝，太庙的命运如何？历经了哪些风云变幻却稳如泰山呢？

（二）清崇太庙融华夏

清朝本无太庙，只有祭堂子的制度。崇德元年（1636），太宗文皇帝皇太极模仿明朝在盛京建四祖庙，祭祀始祖泽王、高祖庆王、曾祖昌王、祖福王等先祖。

顺治元年（1644），世祖章皇帝福临进入北京。顺治皇帝入主中原后将明朝太庙据为己有，将明代先皇神主以隆重的礼仪迁至历代帝王庙，而将明代太庙改为清代的太庙。清代北京太庙仍在端门之左侧。太庙祭祖演变到清代，基本内容没有实质性的变化。

顺治元年，清代确定太庙时享的规制：每年孟春，由钦天监通过占卜选择上旬中的一天举行祭祀，孟夏、孟秋、孟冬都在初一举行祭祀。在孟春祭祀的时候，如果赶上祈谷的斋戒期，皇帝要到太庙敬告祖先，出入都要有仪仗和乐队引导迎送，但是乐队只列队，不奏乐。

① 见《钦定日下旧闻考》卷三十三。

顺治四年（1647），确定每年除夕前一天在太庙对祖先进行合祭，即岁暮祫祭，十二月大，在二十九日，十二月小，在二十八日。

清朝北京太庙在朝廷的左前方，坐北朝南，朱门丹壁，由三重红墙拱卫，周长九十一丈六尺。太庙戟门五间，有很高的石基和石柱；中间三间，前面和后面都有三条石阶，中间的是九级台阶，两旁的是七级台阶；门外东西排列戟八架，共一百二十支。

清代皇帝庙祭次数统计表[①]

皇帝	时享次数	祫祭次数	合计
皇太极	2	0	2
顺治帝	28	2	30
康熙帝	82	32	114
雍正帝	30	11	41
乾隆帝	76	59	135
嘉庆帝	48	24	72
道光帝	52	29	81
咸丰帝	20	8	28
同治帝	7	2	9
光绪帝	72	21	93

从皇太极到光绪十位皇帝，时享总数四百一十七次，祫祭总数一百八十八次，时享、祫祭总数六百零五次。

---

① 资料来自太庙文物研究室。

通过以上介绍，我们可以看出：中国古代的太庙祭祖，经过几千年漫长的沿革变迁，汇成一种传统，历代相承，虽然偶有枝节增减，但其主流之势俨然成形。从周朝开始，历代统治者都把宗庙祭祀权与政治权力等同看待，古代史书记载国家灭亡时，也常常以宗庙的存亡为标志。两千多年中，中国的封建王朝都把以祖先崇拜为代表的传统礼乐文化作为国家制度，使其一直保持国家意识形态领域的最高地位，使外来宗教最终也无法打入我们的主流社会与核心文化。

第六章

太庙在中轴线申遗中的
重大意义和价值

根据北京市的申遗文件和有关专家的论述，北京中轴线申遗的重大历史意义是：能够向全世界展示、传播北京中轴线的遗产价值和其背后所蕴含的中国传统哲学思想、礼制文化、都城理念及高超绝妙的建筑设计与营造水平，能够让中国古老的建筑引起人们的兴趣和注意，能够更好地向世界展示北京这座古都的历史文化金名片。

太庙作为北京中轴线上历史悠久的古代建筑，可以说在北京中轴线申遗中具有极为重要和无可替代的作用。

第一节　北京中轴线申遗的重大价值

梁思成先生首用北京中轴线概念，是在1951年4月发表的《北京——都市计划的无比杰作》一文中。他在这篇文章中指出："……贯通这全部署的是一根直线。一根长达八公里，全世界最长，也最伟大的南北中轴线穿过了全城。北京独有的壮美秩序就由这条中轴的建立而产生。前后起伏左右对称的体形或空间的分配都是以这中轴为依据的。气魄之雄伟就在这个南北引申，一贯到底的规模……有这样气魄的建筑总布局，以这样规模来处理空间，世界上就没有第二个！"①

北京中轴线是北京老城的灵魂和脊梁，保护、传承、利用好这份宝贵的历史文化遗产，是首都的责任。它代表着一段真实的历史，是活生生的历史教材，其申遗有着深远的社会价值和文化价值。

北京中轴线不仅体现着北京的城市文化、历史传承和变迁，也体现了北京的精神与品位，是世界城市建设历史上最杰出的设计范例之一。随着时代的发展，这条中轴线也经历了两次北延。如今，这条壮阔的城市轴线上既有恢宏的皇家建筑，也有古朴的民居和重要的现当代建筑。北京中轴线并非单纯的古代遗存，作为北京这样一个大都市的历史中心区，其中的建筑、街道、广场、园林以及景观环境，都蕴含和体现着中国传统文化的规划理念，并深刻地影响着当代北京城市的发展。

第二节　太庙名称阐释与基本描述

一、名称阐释

我们先说"太"。"太"有多种解释，其中一种是极大，古作"大"，也作"泰"，凡言大而以为形容未尽，则作太，如《广雅·释诂一》

---

① 梁思成著，《中国建筑的特征》，长江文艺出版社，2020年版。

的解释"太，大也"；还有一种是指事，古作"大"，后语音分化，在"大"字下添加符号，成指事字，简言之"最大"就是"太"，但"大"下加的符号是什么没说。实际上，从字的起源来说，"大"是象形字，在甲骨文中，像人的正面形，有头，有身，有手，有脚，"大"下加一点，变成指事字，这一"点"是男性的第一特征。以"太"为"最大"，证明"太庙"是男性氏族社会发展成熟以后男性崇拜的结果。所以太庙最早供奉的是男性祖先，后来供奉的皇后是作为"配享"，或者说"从祀"，其神主只有待皇帝死后才能"袝"于太庙，也就是将皇后的牌位和皇帝的牌位归袝在一起，且这种归袝还有严格的条件。

再说"庙"。"庙"是形声字，从广，朝声。在汉字中，凡以"广"做偏旁的字，一般与建筑物有关。庙的本义是宗庙，为供奉、祭祀祖先的处所。东汉许慎《说文解字》的解释："庙，尊先祖貌也。"《周礼》的解释："始祖曰大庙。"《礼记·明堂位》的解释："太庙，天子明堂。"从古人的这些解释中我们可以明白：庙是一种特殊的房子；庙是祭祀祖先的地方；祭祀祖先的方式是"尊先祖貌"；庙原本和佛没有关系。东汉时期佛教传入我国以后，才借用"庙"字表示举行佛教崇拜仪式的场所。所以，太庙的"庙"才是庙的本义。

还有"祭"字。"祭"为会意字，甲骨文字形左边是牲肉，右边是手，中间几点表示杀生后的血滴，整体表示以手持肉祭祀神灵。①《礼记·祭统》中说明了祭的意义："祭者，所以追养继孝也。""祭"和"祖"合起来的意思是为避灾得福而对亡祖灵魂举行的敬拜与祭奠仪式。

---

① 韩步璋著，《甲骨文常用字释解》，青岛出版社，2012年版。

最后说"祖"字。"祖"在甲骨文中写作"且",是男性第一特征的象形字,神主的形状就来源于这个字。它强调了父系在传宗接代中的重要作用,这完全和"太"字相互印证。商周时期,"且"与"祖"通用。[①]战国以后,"且"字左边才加上了示字旁。示字旁在中国文字中,一般与祭祀有关。

我们用最简单的方法,通过对"太""庙""祭""祖"四个字的分析,就基本上明白了太庙及其功能:太庙就是皇帝举行祭祀祖先的隆重仪式的庄严场所。古人云"万物本乎天,人本乎祖",又说"国之大事,在祀与戎"。在古代,祖先神与天神有着同样重要的地位,祭祖同祭天一样属于上古五礼之道——吉礼中的大祀,所以自古帝王视"敬天法祖"为立国之本,非常重视对祖先神的祭祀,并且把祭祀和战争(祭祀在前,战争在后)列为国家两件最为重大的事情。在祭祀的范围内,祭天、祭社与祭祖合称为古代的三大祭礼。祭天着重于其政治功能,祭社着重于其社会功能,而祭祖则体现其伦理功能,它凝聚并维系着家族、宗族乃至整个民族的团结、发展和兴旺。

二、基本描述

太庙位于北京天安门东侧,与天安门西侧的社稷坛(今中山公园)呈左右对称的格局。太庙之所以要建筑在紫禁城的左前方,是由古代帝王宫阙"左祖右社"的规制决定的。

对祖先的崇拜本是原始社会就有的,但在中国漫长的历史中却被不断制度化,被纳入约束人们行为的封建规范——礼制之中。早在战

---

① 韩步璋著,《甲骨文常用字释解》,青岛出版社,2012年版。

国时期，人们追忆周朝的各种规矩写成的《周礼》一书中，就提到了"左祖右社"，即把皇帝的祖庙放在宫城左边，社稷坛放在宫城右边。皇帝的金銮殿是坐北朝南的，左边就是东边。到了明代，干脆把太庙从皇城外移到皇城内的天安门和午门之东，大大加强了皇城中轴线的威严，皇帝祭祖也更方便了。

北京太庙建于明永乐十八年（1420），总面积十三点九万平方米，建筑格局为长方形，有红色围墙三重。一、二重红墙之间，有七百余棵古柏，逶迤成林，环绕着太庙的庙门、前琉璃门、戟门、享殿、寝殿、中琉璃门、祧庙和后琉璃门，形成完整对称的中轴线格局，与皇宫的建筑格局基本相同。享殿、寝殿和祧庙两侧均有配殿，戟门前有玉带桥，两侧各有一座井亭，东西分别为神库和神厨。外墙内东南为牺牲所，即治牲房和宰牲亭。

太庙享殿的等级与故宫太和殿相同，可见其在明、清两代的重要地位。太庙是典型的古代宫廷建筑，是古代建筑艺术的璀璨明珠，从建筑格局、样式到工程技术都具有极高的科学价值和艺术价值，同时蕴含着中国古代政治、哲学、美学、礼制的基本观念。

从太庙的功能来看，对祖先的祭祀崇拜是中国封建社会宗法制的核心，其祭祀的观念、礼仪是中国传统文化的重要方面。据统计，仅清代二百多年间，皇帝举行的正式祭祖活动就达六百零五次之多。

（一）主要建筑

享殿（前殿）。建于明永乐十八年（1420），黄琉璃瓦重檐庑殿顶，檐下悬挂满汉文书写的"太庙"九龙贴金题额。面阔十一间（长约六十八米），进深六间（宽约三十米），坐落在高三米多的三层汉白玉须弥座上，殿高约三十二米。六十八根大柱皆是整根金丝楠木，最高的达十三米多，直径最大的达一点二米，殿顶用片金沥粉彩画装饰，地面墁铺金砖。

享殿是明清两代皇帝举行祭祖大典的场所。每年四季首月祭典称"时享"，岁末祭典称"祫祭"，凡婚丧、登极、亲政、册立、征战等家国大事之祭典称"告祭"。殿内设木质金漆神座，座前设笾豆案等祭器，置稻粱、果蔬、牺牲、香烛、福酒等祭品。祭典时将祖先牌位从寝殿移至此处神座安放，然后举行隆重而庄严的仪式。

享殿气势雄伟，庄严朴素，当年举行大典时，香烟缭绕、仪仗簇拥、钟鼓齐鸣、韶乐悠扬、佾舞翩跹，是中华祭祖文化的集中体现。殿堂前后有铜缸（太平缸），为明代遗物，圆口平底，用青铜铸造，用于贮水防火。每到冬天，为防缸水冻结，要加盖保温并在缸下贮火加温。

享殿东西配殿。始建于明代，黄琉璃瓦单檐歇山顶，面阔十五间，殿内供奉有功的亲王及文武功臣的神主。清代东配殿供奉雅尔哈齐、代善、多尔衮、济尔哈朗、策凌等十三人，西配殿供奉费英东、张廷玉、傅恒、阿桂、福康安等十三人。每间设一龛，内置木质红漆金字满汉文牌位。北端两间是存放祭器之处。

寝殿（中殿）。建于明永乐十八年（1420），黄琉璃瓦单檐庑殿顶，面阔九间（长约六十二米），进深四间（宽约二十一米），殿高约二十二米。汉白玉须弥座，周绕石栏，望柱交错雕以龙凤，台阶中饰丹陛，是平时供奉历代皇帝、皇后牌位的地方。内设神椅、香案、床榻、褥枕等物。清末供奉努尔哈赤、皇太极、福临、玄烨、胤禛、弘历等十一代皇帝及皇后的牌位。每次祭典前一天，将牌位移至享殿安放于神座之上，祭毕奉回。殿堂前后有铜缸。

寝殿东西配殿。作贮存祭器或暂存移出牌位（如享殿东西配殿修缮时）之用，为礼制格局配置，始建于明代。黄琉璃瓦单檐歇山顶，面阔五间，殿前出廊。

祧庙（后殿）。建于明弘治四年（1491），黄琉璃瓦单檐庑殿顶，面阔九间（长约六十二米），进深四间（宽约二十米），是供奉皇帝远祖牌位的地方，殿内陈设亦如寝殿。清代规制，正中肇祖，左兴祖，再左显祖，右景祖。每季首月时享，皇帝委托官员在本殿祭祀，岁末将先祖牌位移至享殿袷祭。殿堂前后有铜缸。

祧庙东西配殿。贮存祧庙祭器的地方，为礼制格局配置，始建于明代。黄琉璃瓦单檐歇山顶，面阔五间，殿前出廊。

丹陛。建于明代，享殿、寝殿、祧庙和戟门石阶上均有。享殿丹陛尤为壮观，随阶分为三座，各为整块青石，分别雕有显示尊严的"云龙纹""狮球纹""海兽纹"。雕工线条洗练，刀法娴熟，精美绝伦，是明代石雕艺术的珍品。

戟门。建于明永乐十八年（1420），是太庙的礼仪之门。面阔五间，进深两间，黄琉璃瓦单檐庑殿顶，汉白玉绕栏须弥座，台阶九级，中饰丹陛。正门两侧各有一道黄琉璃瓦单檐歇山顶的旁门。戟门内原有朱漆戟架八座，共插银镈红杆金龙戟一百二十支，光绪二十六年（1900）被入侵北京的八国联军全部掠走。

戟门桥（玉带桥）。始建于明代，为七座单孔石桥，两侧有汉白玉护栏，龙凤望柱交替排列。乾隆年间引护城河水流经桥下，并对桥身及栏杆进行改建。正中的桥是皇帝走的御路桥，两边为王公桥，次为品级桥，边桥两座供常人行走。玉带桥背倚戟门，东西有井亭相伴，向西与端门相望。

前琉璃门。始建于明代，清代改建，是太庙的正门，嵌于太庙中墙南面。中间三座为拱门，旁门两座为过梁式。黄琉璃瓦顶，檐下饰有黄绿琉璃斗拱额枋及垂莲柱。墙下为汉白玉须弥座。

井亭。始建于明代，高八点五五米，为黄琉璃瓦盝顶六角亭，梁架用镏金斗拱承托，亭内正中有水井一口，上置六角汉白玉井圈，柱间的坐凳为现代所加。

燎炉。始建于明代，为焚烧享殿和享殿西配殿的祝版和丝帛而设。通体用素白琉璃构件砌造，质地细腻坚硬。整体仿造木结构建筑，筒瓦单檐歇山顶，檐下饰以斗拱额枋，炉身四角有圆柱，炉膛门上雕花饰带，其余三面雕刻菱花，下为须弥座，雕工精美。

明成祖手植柏。此柏高十三点五米，树干径围五点五米，枝叶繁茂，苗壮挺拔，独领群柏之首，相传为明成祖朱棣迁都北京按"左祖右社"规制建成太庙以后，在此处亲手所植。

太庙街门。始建于明代，清代改建。原为太庙正门，是皇帝从皇宫进入太庙祭祖的通道。面阔五间，进深两间，黄琉璃瓦单檐歇山顶。外观古朴庄重。

太庙西北门。始建于明代，传说清雍正皇帝在位时，为确保安全，到太庙祭祖时不走太庙街门，而从此门进入。于是加筑琉璃随墙门，形成内外两门，并在北面和东面建两道高墙，以防刺客。原门及墙已不存，现门黄琉璃单檐庑殿顶，为现代改建。

太庙右门。始建于明代，清代改建。面阔三间，进深两间，黄琉璃瓦单檐歇山顶，亦称神厨门。

太庙南门。太庙原无此门，1914年与中山公园南门同时辟建，以便保持皇城对称的格局。黄琉璃瓦歇山顶，券门，门后有敞厅衔接，直通庙内。当时逊清皇室未交出太庙，故久未使用。1924年溥仪出宫，太庙稍后短暂改为和平公园，此门打开，始向公众开放。现为北京市劳动人民文化宫正门。

神库。始建于明代，黄琉璃瓦单檐悬山顶，面阔五间，进深一间，是收藏笾、豆、俎、筐、灯盏和各色绒毡绣片、幄帐棕荐（拜垫）等祭品的库房。

神厨。始建于明代，黄琉璃瓦单檐悬山顶，面阔五间，进深一间，是制作牺牲等祭品的厨房。内设锅灶，上有天窗，经数百年烟熏火燎，室内屋顶已被熏黑。内有铜锅，为明代遗物，圆口圆底，用青铜铸造，是神厨中用于蒸煮烹制祭品的炊具。

牺牲所。始建于明代，分为治牲房、宰牲亭等处，祭祖所用的牛、羊、猪等均在此宰杀。正门坐东向西，黄琉璃瓦硬山顶。北殿在正门旁，黄琉璃瓦硬山顶。治牲房在正门内，黄琉璃瓦悬山顶。宰牲亭在治牲房以里，黄琉璃瓦重檐歇山顶。井亭为黄琉璃瓦盝顶六角亭，内有井一口，为入涤、治牲取水之处。

奉祀署旧址。原为独立的一道围墙，大门朝北，左右各有房三间，是平时管理太庙的机构。明代由内府神宫监管理，设掌印太监一人，其他管理人员十余人。清代属太常寺，设七品首领一人，八品副首领二人，太监二十人。

（二）主要祭器

鼎。烹饪器，置于太庙中，为重要的礼器，既是宗庙的象征，也是国家的象征，一般为圆腹、立耳、三足，少数是方形、四足。鼎耳可以穿杠或搭钩，其杠的专名叫扃（jiōng），其钩的专名叫鉉（yù）或铉。鼎是原始人类创造的一种煮肉的大型器皿，初用陶制，后发展为青铜器，进入奴隶社会以后，成为重要的礼器。鼎的形状不同，用途也不同，逐渐形成了一套用鼎的制度。天子用九鼎，配镬鼎七个，羞鼎三个。诸侯、大夫逐级减少。

簋。盛食器，《周礼·地官·舍人》云"凡祭祀，共簠簋"，郑玄注"圆曰簋"。其形制多圆腹、侈口、圈足，有无耳、两耳或三耳、四耳者。商代簋多无盖，西周和春秋时簋多带盖，有圈足，下加方座形，或附三足。商周时期，簋是标志贵族等级的礼器，祭礼或宴享时，鼎簋配合使用。鼎奇簋偶，呈八簋九鼎、六簋七鼎、四簋五鼎、二簋三鼎的组合形式。战国以后极少发现用簋。清代太庙设有木簋和陶簋。

簠。陶簠或铜簠的样式：整体为长方形，器与盖的形状相同，各有两耳，可倒置。用以盛黍、稷、稻、粱。陶簠用瓷，以不同的颜色来加以区别，在太庙享殿、祧庙使用。

铏。古代盛羹的小鼎，两耳三足，有盖，常用于祭祀，如《仪礼·公食大夫礼》曰"宰夫设铏，四于豆西东上"。这里的"羹"指肉菜羹。

爵。饮酒器，铜质或陶质。圆腹，前有流，后有尖尾，下有三高尖足，一侧有鋬，流后口沿上有二柱，也有无柱或单柱者。《说文解字》中说爵"礼器也，象爵之形"。爵盛行于商和西周。最早的铜爵见于河南偃师二里头文化，春秋战国时几乎绝迹。作为礼器，爵的器物组合似无定制。

陶登。统一的形状是口为回纹，腹及校足为蟠龙纹、波纹，盖上为垂云纹。陶登用瓷制成，在太庙享殿和祧庙使用，皆用黄色。

笾。为盛贮器，用竹制成，形状如豆。口有藤缘，绘云纹，以绢饰里。顶及缘皆髹以漆，用颜色加以区分。容量是四升，天子之笾以玉装饰，用以盛荐枣、栗、桃、梅、菱、脯、鲍及炒麦、糗饵等干物。在太庙享殿和祧庙使用，皆用黄色。

木豆。以木制成，髹漆涂金，三方饰以玉。形及花纹与陶豆同。口、足圆，口径一尺，足径二寸，外用黑漆饰，中赤，盛四升。天子之豆皆以玉装饰，用以盛荐各种腌菜及肉汁、肉酱等湿物。

筐。用细竹丝编成。四周髹以漆，用颜色加以区分。在太庙享殿和祧庙使用，颜色为黄色。

俎。盛放牺牲的祭祀器具，用木材制成。盛放太牢（牛、羊、猪）的俎供奉在太庙的享殿、祧庙和东配殿，用黄色，里面分为三个区域，上面有盖。盛放少牢（羊、猪）的俎供奉在太庙的西配殿，用红色，里面分为两个区域，上面有盖。

尊。铜制成，纯素无花纹，两耳为牺首形。在太庙享殿（东西配殿）和祧庙使用。

牺尊。在太庙享殿和祧庙孟春祭祖时使用。上为垂龙纹，下为龙纹。铸造。置于三座殿堂前后，用于贮水防火。

（三）风光魅力

太庙为北京市著名的坛庙园林、北京市一级公园，同时也是北京市十大旅游景点之一。近些年，随着时代发展，太庙的色彩渐渐地变了，其色彩的变化主要体现在花木色彩的繁多及其与各景点所形成的整体景观效果上。

缤纷花卉。春天和夏天是花的盛会，也是色彩渲染的高峰，太庙的景色可以说是此起彼落、五彩缤纷。太庙大面积新种的灌木和适应时节变化的花卉，在明黄、土红和苍黛的单调中，成为一层层色彩斑斓的面纱和一条条飘带。

黄色含笑的迎春花、白色怒放的玉兰花和文冠果花、五彩斑斓的芍药花和牡丹花、紫色如雨的藤萝花，还有玉带河、假山小湖中的荷花，在黛青色掩映着的黄瓦红墙中，五彩缤纷，娇艳无比，柔美而壮阔。现在的太庙，琉璃门前、玉带桥边、东区假山、西区走廊……到处是五颜六色的月季花丛，游人如织，尽赏美景。如今，古老的太庙被冠以"缤纷文化宫"的称号，名不虚传。

在彩色花朵的世界里，人们最为钟爱的是"四大花魁"，即太庙最有代表性的四种花卉——玉兰、牡丹、藤萝、荷花，尤其是藤萝和荷花，最受人喜爱。

太庙前、后、东、西四区，都有宽大疏朗的藤萝架，多年的老藤盘根错节，曲折攀缘。花开时节，藤萝从架上悬垂而下，如同鲜花的瀑布，神秘的紫色，象征着祥瑞。此时，一位少女端坐在藤萝架下的长凳上，手捧一本书静静地阅读，花香、书香沁人心脾，简直是改革开放后人们积极向上的精神生活的最佳写照。

太庙戟门前的礼仪之河，如同一条飘带，颇有神韵，所以有了好听的名字——玉带河。玉带河在明代是象征性的，河里没有水，桥上也没有栏杆，清代乾隆年间引来金水河水，修上汉白玉栏杆，一下子就美多了。可是，在玉带河里种荷花，还是改革开放以后的事。在玉带河边欣赏荷花，是一件令人美得心醉的事：古老的红墙黄瓦，映照蓝天的琉璃脊兽，远看端门一侧歇山墙壁镏金的图案金光耀眼；井亭边吹来习习凉风，凭栏赏花，玉带河荷叶连碧，荷花立于绿伞之上，随风摇曳——它们或刚露尖尖角，或初开涌动暗香，或金蕊簇拥莲蓬……即使是古之爱莲如命的周敦颐也无缘享受如此的佳境啊！

娇艳花朵，缤纷色彩，这些让人擦肩而过、极易忽略的变化，却是改革开放在太庙这座古老的庙宇写出的新时代的妙笔。

古柏林景区。古柏林是有生命的文物。古柏的种类为侧柏或桧柏，多为明代太庙初建时所植，少数为清代补种，树龄高者达五百年以上，低者亦三百年以上。七百余株古柏千姿百态，浓密苍翠，绵延成林，环绕太庙中心建筑群，与黄瓦红墙交相辉映，形成庄严、清幽的环境。古柏林中的特色林木主要包括太子林、树上柏、鹿形柏、神柏等。

太子林处的古柏独立成林，相传为明朝几代太子所植。因太子年幼调皮，随意栽植，不循行距，随从亦不敢阻拦，任其所为，故而成林后与他处柏林不同——排列参差不齐，形成独特之景观。

树上柏是指在八米高的斜枝上又长出一株柏树，且树形规整，树冠浑圆，碧绿青翠，蔚为奇观。树上柏为清朝入主北京、天下大定后所生，枝干指向皇宫，据传有清朝承袭明朝宫殿社稷且根基稳固之意。

鹿形柏为明代所植，从东北方向观看，其枝干树冠形如一只梅花鹿，头部的两个树洞，恰似鹿的嘴和眼睛，是鲜见的植物景观。相传古时树旁常有灰鹤栖息，被视为松柏常青、鹿鹤同春的吉祥景观。

神柏相传为太庙始建时明成祖手植的第一棵树。据传太庙始成，遍植新柏，连种三次均未成活，乃因土质不宜。一工匠献计，将太庙的薄土与皇城东北角的沃土对换，并请朱棣首栽此柏，果然成活，人皆说是皇帝福荫所致，遂称为"神柏"。后代皇帝、亲贵祭祖至此须下轿、下马，以示尊重，"沙滩"也因此得名。

琉璃门景区。琉璃门景区是原始太庙正门前的神道，太庙开辟为公园以后，此处种植了高大的雪松、两排玉兰花、两排龙爪槐，高低错落，与两旁的古老柏树相映成趣，于庄严肃穆之中增添了烂漫的情趣。春天的玉兰花开得浓密茂盛，是京城春赏玉兰的名胜之一。太庙琉璃门前的两排玉兰树，经过四十余年的精心培育，如今已经根深叶茂。每当花开时节，千万朵洁白如玉的玉兰花迎着春风怒放，在前边的琉璃门以及周围柏树和雪松的映衬下，异常高雅庄重。

戟门玉带河景区。威武的戟门，两侧各有一个旁门，黄瓦红墙，错落有致。戟门前面是一条玉带河，形似弓背，上面有汉白玉栏杆，因宛如一条蜿蜒的玉带，所以得名玉带河。

站在桥上俯身而看，一片碧绿衬托着婀娜多姿的硕大荷花，尽赏李商隐《赠荷花》的诗句"惟有绿荷红菡萏，卷舒开合任天真"。抬头远望，西侧黄墙外正是紫禁城的端门。端门是重檐歇山顶，屋顶东侧的三角形立面，是贴金的彩画，在阳光照耀下，金光灿灿。中国园林讲究借景，将端门此景借过来，给戟门美丽的风光平添了许多壮观和辉煌。

戟门前东西两侧各有一个井亭，掩蔽在高大碧翠的雪松之下，幽静阴凉。游客亭下小坐，清风徐来，细品这独特的风光，是多么惬意啊！

大殿院景区。大殿即享殿，是太庙建筑群的中心，也是灵魂。高大、雄伟的大殿院与周边建筑形成连绵的黄色琉璃瓦波浪。最高的正吻、斜脊的跑兽、斗拱和飞檐，展现出一种崇高的美，形成巨大的视觉冲击。站在戟门处看享殿，金色的殿顶与蔚蓝的天空相接，敬天尊祖的传统文化，以不可阻挡的气势，征服着每一个到访的人。站在享殿的平台上，远观戟门，视野可以一下飞到天安门。这里是紫禁城的一部分，站在大殿院内平整的青砖地面上，仰望太庙享殿，回望戟门，视线扫过东西配殿，心中联想起古代盛大的典礼。明代的永乐皇帝、清代的康熙皇帝，都曾在这里虔诚地祭祀列祖列宗，学习祖先智慧，祈祷祖先赐福，请求祖先保佑江山永固、国泰民安。历史就这样演进，文化就这样传承，这里蕴含着中华五千年文化的精髓，这种审美，简直是一种心灵的震撼！

后河景区。太庙的后河就是紫禁城的护城河。后河景区古柏参天，浓荫蔽日，走过碧绿的草坪，河岸边是长长的铁栏杆。

凭栏远眺，向西看，是故宫五凤楼，也就是故宫的午门。午门的特殊之处在于东西两侧向前延伸——这是古代王城城阙的依存——形状如同凤凰展翅，所以有五凤楼这美丽的名字。在这里观赏午门，楼高冲天。太庙古柏的树枝随风摇曳，形成前景。金黄色的琉璃瓦在绿叶的掩衬下，越发显得耀眼夺目、光辉灿烂。

凭栏远眺，向东看，是故宫角楼，角楼以里，是故宫东华门。角楼是故宫最为神奇的建筑之一，也是最美、最具观赏性的建筑之一。角楼的歇山顶交叉复合，九梁十八柱八十一条檩，明黄琉璃瓦的屋顶，曲线错落。从太庙后河的岸边望去，目光先沿着长长的、高达九米的紫禁城城墙平移，然后猛然一跳，跟随着角楼一气冲天。角楼在蔚蓝如海的天空上，刺出一片微澜。你的心也早已追随着美景的走向，在这片"海"里散开一圈圈涟漪。

假山景区。1924年以前，逊位的中国末代皇帝溥仪还拥有太庙，衰落的"皇室"还要祭祖。在这之前，太庙没有休闲和游玩的功能。1924年11月溥仪出宫，太庙归北洋政府管理以后，曾一度被开辟为公园，后来变成故宫分馆，大半个故宫图书馆搬了过来。为了方便游客休憩，太庙增加了园林景观，修建了假山和亭子。假山用太湖石堆砌，并将原有的柏树纳入其中。山势绵延，南边陡峭，往北逐步舒缓，中间挖一小湖，岸石错落，旁植垂柳，于是太庙变得有山有水，柳枝轻摇飘逸。后来，假山旁边又种植了花灌木，太庙变得有香有色，美景别具一格。假山南北两端还砌有高台，可登高望远，目光越过太庙的琉璃瓦顶，可远望到故宫，晚间可登临赏月。

牡丹景区。太庙成为文化宫以后，西区很早就种植了藤萝。牡丹的大量种植是书市在这里停办以后的事。最初西区有牡丹但数量不多，2000年，菏泽一位种牡丹的朋友在西区举办了一个牡丹展。展览以后，他将当时价值三十多万元的牡丹以及芍药全都留在了文化宫。于是，太庙西区种满了牡丹，前区、后区以及东区的好多地方也都种上了牡丹和芍药，剩余的部分还被种到了文化宫在龙潭湖的花卉基地。

这是一段小历史。现在文化宫已经成了京城核心区内一个观赏牡丹的重要景点。太庙西区的牡丹园，共有牡丹二十余个品种、两千余株，著名的品种有洛阳红、冠世墨玉、二乔、姚黄、豆绿等，每当花开之时，单瓣、重瓣，五颜六色。

牡丹富贵的内涵，象征着改革开放后人民富起来的美好生活愿景。每当花期的时候，各种颜色、不同品种的牡丹花竞相开放，把富贵和吉祥洒向人间。游客们或驻足观赏，或踯躅其间，或拍照留念，或徘徊数回不忍离去，他们忘却了烦恼，满怀喜悦，流连忘返。总之，游客们记住了太庙的鲜花和诗意，用文字和图片把太庙之美传得很远很远。

金鱼景区。太庙在戟门东侧、玉带桥北重新开建了金鱼景区。文化宫曾经是北京观赏金鱼的最佳地点之一。文化宫的金鱼来源于故宫。

金鱼曾经是紫禁城中帝后的宠物，为了让人民群众观赏到金鱼，文化宫成立后不久就开始养殖金鱼。为了养好金鱼，文化宫还特意从故宫调过来一名经验丰富的"金鱼把式"。20世纪70年代，由于种种原因，文化宫放弃了金鱼，一部分金鱼被转到中山公园饲养，一部分金鱼被转到"金鱼徐"的门下。后来，文化宫领导为了恢复这一景观，派有经验的老师傅远赴衡水，从"金鱼徐"那里请金鱼"回娘家"。2015年太庙金鱼景观重现于世，还是在老地方——太庙玉带河东北隅，被命名为"鱼之寓"。"鱼之寓"展区占地面积近五百平方米，有数十个柏木制成的大木海（木盆），直径五尺，高一点二尺，以绿色漆涂面，三道黄色镏金的铁箍，还有十六套、大八套的灰泥瓦盆。这些木海和瓦盆，完全按照古代规制制造，体现了宫廷金鱼观赏的风范。在红墙黄瓦、古柏参天的环境下，深深的历史感油然而生，因此，在这里观赏金鱼的感受是在别处无法体验的。太庙金鱼的品种是在宫廷金鱼的基础上发展而来的，有水泡、虎头、蝶尾、龙睛、绒球、望天等三十余种、共计三百余尾。

金鱼号称"水中之花"，五彩缤纷，色彩斑斓，在碧池青莲中缓缓游弋，给文化宫增添了特别的色彩。文化宫于2015年8月开始在古老的太庙举办"赏金鱼、观盆景、逛公园"首都职工免费游览观赏活动，吸引了许多游客，形成了一道独特的风景线。

盆景园景区。太庙新建的盆景园毗邻天安门东墙，2015年8月对外开放。文化宫的盆景，历史悠久，堪称文化宫一宝。改革开放初期，北京乃至全国还没有花卉盆景展示销售的专门场所，文化宫后河是当时全国花卉盆景的展示中心，每年都要展览并销售半年的时间。这里不仅吸引着全国的花卉盆景种植专业户前来展示，而且吸引了许许多多文人雅客，堪称一道文化奇景。盆景是文人雅客的心头好，吸引着许多京城著名文人大家。笔者研究太庙目疲神怠之时，常常从太庙配殿来到后河观赏盆景，曾经多次与故宫的徐邦达先生、朱家溍先生等多位文化大家巧遇，和他们交流古老的盆景艺术。每年秋季盆景撤展时，会留下许多精品，冬天，它们会被藏入太庙西配殿旁边的花房，日积月累，文化宫就有了许多精品盆景。如今，文化宫在天安门城楼东侧建立了盆景园，数百件盆景精品被展示出来，起伏连绵，风采各异。盆景不仅可以观形赏叶，有的还可以赏花，这又给文化宫平添了许多烂漫的色调。

太庙盆景园景区建于2015年，占地面积近三千平方米。它巧用原植的高大松柏，堆衬以山石，形成园林空间构架，其中展示的树桩盆景达三十多个品种两百多盆，有银杏、黑松、侧柏、真柏、海棠、黄杨、蜡梅、紫藤、黄栌、石榴、鹅耳枥、白蜡、紫薇、榆树等，有的老桩树龄高达百年。盆景是中国文人的园林创造，"移天缩地在君怀"，体现了中华文化"天人合一"的哲学思想，其内涵的丰富性形成了厚重的观赏价值，其"师法自然"的艺术手法形成了厚重的审美价值。这些盆景或苍劲，或拙朴，或烂漫，或娇柔，可谓千姿百态、风情万种，为太庙增添了一篇优美的华章。最为独特的是，从四面八方来首都游览观光的人们，可能不会想到，在世界瞩目的、雄伟的天安门城楼的东侧，竟然有一处观赏中华独特传统文化——盆景的绝佳之处。

享殿中华和钟景区。享殿是整个太庙的核心建筑，是中国古代建筑的瑰宝，是太庙最重要的室内景观，内有著名的"三金"——浑金彩画、金砖、金丝楠木，以及盛世国宝中华和钟。

太庙享殿内部采用浑金彩画装饰，中间的部分大面积贴金，使得古朴的室内显得富丽堂皇。浑金彩画大量使用黄金，极为贵重，颇为罕见。太庙享殿的浑金彩画，面积很大，当属前列。

太庙享殿地面铺设特制的"金砖"。金砖是古代皇家建筑优质的建筑专用砖，其名由来有三：一说金砖本是"京砖"，后俗读成了"金砖"；二说金砖质地紧密坚硬，敲击有金石之声，故称"金砖"；三说明代一块金砖价值高达一两黄金，所以是"金砖"。

金砖是最高等级的殿堂墁铺地面时所用的方形大砖，因为制作周期长、数量有限，同时十分昂贵，即使是明清皇家建筑，使用范围也很小，故宫仅有太和殿、中和殿、保和殿地面才墁铺此砖。太庙三大殿以及配殿均使用金砖铺地，这是太庙等级极高的有力证明。由于是特需品，为保证质量，可追溯源头，每块金砖的侧面都有深深凹进去的质保印章。印章长宽比例很大，适于金砖侧面的狭长平面，不会妨碍施工。文字内容是生产年号、苏州府督造，主要年号有明永乐、正德、清顺治、乾隆等，这两者就是金砖御窑永久的身份证明和质量合格证书。依据太庙修缮中残砖的印记，推断它们既有明代永乐年间的，也有清代顺治年间的，是清朝入关后，早期对紫禁城内重要殿堂和太庙进行修缮的真实记录。

太庙的金砖，不仅年份早，而且质量好，数量极少，因而更加珍贵。奉命督造苏州金砖的工部郎中张问之，在给嘉靖皇帝的奏疏中报告了金砖烧制的不易：仅主要工序就有八道，每道工序还分有小工序，总工序达到二十九道，制造的工期长达半年以上，如果加上备料、运输，甚至长达一年。因此，烧造困难、产量有限、价格昂贵是金砖的特点。据历史记载："嘉靖中营建宫殿，问之往督其役。

凡需砖五万，而造至三年有余乃成。"①这五万块金砖当中，就包括太庙因"大礼议"期间"一庙改九庙"后又"九庙改一庙"的修缮工程所需的大量金砖，再加上石料、木材，修缮费用肯定是一笔不小的数目。难怪有人说，明嘉靖年间为阻挡蒙古骑兵南下，朝廷开工建设外城，原计划建一周，但修成正南一面后，因为总修太庙，没钱继续修城墙了，这才形成了北京城平面图独特的"凸"字形。明世宗朱厚熜修缮太庙的一系列操作，使太庙在历史上声名大显。

金丝楠木是中国古代木结构高大房屋最好的建筑材料。金丝楠木物理性能极为稳定，自身带有香味，但采伐极为困难，因为这种大树只有云南、贵州、四川的深山老林当中才有。巨大的树木，在古代生产力低下、没有大型设备的条件下，要凭借工匠超人的勇气和精绝的技术，才能将其找到并砍伐出来。深山老林有毒虫猛兽、瘴疠淫邪，稍有不慎，就性命不保，许多人进山就永远出不来了。即使大树能够找到并砍伐出来，运输也是一件极为困难的事情。只有等待雨季山洪暴发，借山洪冲到山下，然后进入江河，再凭纤夫拉纤，最后到达京杭大运河，再运到北京。一根大木运到北京，起码三年，运费高达万两白银，时至今日，可以说是无价之宝。太庙享殿殿内木构件均为名贵的金丝楠木，六十八根大柱皆是整根原木，最高达十三米多，最大直径一点二米，堪称世界上规模最大、等级最高的金丝楠木大殿。每天清晨，享殿的大门徐徐开启，进入享殿的人们，首先惊奇于闻到的淡淡幽香，这是巨大体量的金丝楠木所散发出来的自然香气。享殿建成已经六百多年，依然散发香味，确实颇为神奇。这是因为，太庙是

---

① ［清］纪昀总纂，《四库全书总目提要》，河北人民出版社，2000 年版。

祭祖之所，色调古朴，同时，金丝楠木因木质极佳，不施油饰，木头的微孔——俗称"棕眼"——一直没有堵塞，大柱虽然历经几百年，表面已经形成油光瓦亮的包浆，但不影响香气的散发。所以有人说，这太庙大柱是有生命的，六百多年仍然精力充沛，所以还能"呼吸"，把香气赐予后人。

编钟是中国古代宫廷中古老的打击乐器，早在公元前13世纪就已经出现。1978年在湖北随县（今随州）出土的战国早期的曾侯乙编钟是中国古代编钟的瑰宝。中华和钟是为了迎接新千年的到来，以两千四百多年前的曾侯乙编钟为原型重新设计、运用现代科技于1999年11月制作完成的。2000年元旦，太庙举行了"中华和钟"鸣钟仪式。在新世纪到来之时，这钟声响彻寰宇，象征着中国在世界崛起，也向世界表达了中国和平与发展的主旋律。在鸣钟仪式上，多位国家领导人欣赏了中华和钟演奏的乐曲，接见了中华和钟工程的主创人员。气势恢宏、音律精准、金碧辉煌、美轮美奂的中华和钟，不禁让人从心底发出了由衷的赞叹！

中华和钟架高三点八米，宽二十一米，重十七吨，三层编钟共一百零八个。上层三十四个钮钟，代表我国三十一个省（自治区、直辖市）和香港、澳门、台湾；中层五十六个甬钟代表我国五十六个民族；下层十八个镈钟，中间十六个代表中华民族的十六个历史时期，两侧的两个象征当今世界的主旋律"和平"与"发展"。重达三百二十千克的中央镈钟上镌刻着江泽民主席题写的"中华和钟，万年永保"的镏金铭文。朱红描金的雕漆钟架上有一点二万个表现生命科学、宇宙星空、电子芯片的现代纹饰，钟的两侧各立大红建鼓和石磬、玉磬。中华和钟音域宽广，既可配合多种民族乐器，又可配合西方大型管弦乐队，是世界上最大的舞台演奏双音编钟，被誉为"编钟之王"，已被列入基尼斯世界纪录。

中华和钟充分表现了中华民族博大、深邃、坚毅、团结的伟大精神，是科学与艺术、民族传统与时代精神的完美结合，展现了中华文化的勃勃生机，堪称国之重宝。

中国古代成语把两种美好的事物结合在一起叫作"珠联璧合"。在体现中国古代最高建筑成就的重檐庑殿顶的宫殿建筑——太庙中，聆听体现中国古代最高音乐成就的"编钟之王"的演奏，一定会有"珠联璧合"的感觉，一定会给观众带来难得的、高雅的艺术享受。太庙已经成为人们欣赏高雅艺术、领略古代灿烂文化的好去处。

太庙是我国也是世界上保存最完好的皇帝祭祀祖先的建筑群，无论是在中华传统文化意义上，还是在中国传统建筑艺术意义上都具有非常重要的地位。太庙承载和展示着紫禁城独特的内涵，其重要性和独特性正在被越来越多的人认识。随着中国和世界的发展进步，太庙这块中华瑰宝，将会越来越被人们熟知，日益焕发出夺目的光彩。

第三节　太庙在中轴线申遗中的价值

每一项文化遗产的申遗过程，其实都是对其价值再认识的过程。所以，所有准备申遗的项目前期要做的最重要的功课就是找到、找准自己潜在的"突出普遍价值"。

一、世界遗产的申报标准

世界遗产的申报标准主要依据《世界遗产公约》第一条、第二条规定。遗产项目想要列入《世界遗产名录》，必须经过严格的考核和审批程序。每年举行一次的世界遗产大会会对申请列入《世界遗产名录》的项目进行审批，其主要依据是联合国教科文组织世界遗产委员会（以下简称世界遗产委员会）此前委托有关专家对各国提名的遗产进行实地考察后提交的评价报告。

因此，所有申报的遗产，必须由世界遗产委员会认定为具有"突出普遍价值"，这是申遗成功的重要前提。著名申遗专家、文化遗产保护规划国家文物局重点科研基地主任陈同滨总结出了其对"突出普遍价值"的理解：站在世界文明和文化的高度，在世界范围内进行对比，找到自身项目最准确、最重要的价值。这种价值的提炼，必须用世界的眼光，而非本土眼光。如果用人类的眼光来看，关注的肯定是这个遗产里所承载的人类的智慧。从自身的项目当中，把这种智慧提炼出来，申遗第一大关——"突出普遍价值"的提炼才能够完成。

二、太庙的价值与特点

北京的中轴线起源于元大都，精确而艺术地承载着中国古代文化最为核心的知识与思想体系，具有罕见的文化和自然价值，它超越了国家界限，对全人类的现在和未来均具有普遍的重要意义。

坐落于中轴线核心位置的明清太庙，其罕见的文化和自然价值、超越国界、对全人类的现在和未来均具有的"突出普遍价值"表现在哪里？笔者认为集中表现在太庙的特点上。

第一，是崇高性。太庙具有五千年的传承史，是中国文化的精髓之一。它位于国家和皇帝主政场所的中心、中轴的脉点，等级非常高。以屋顶为例，中国古代建筑屋顶的样式是分等级的，庑殿顶、歇山顶、悬山顶、硬山顶、卷棚顶、攒尖顶……其中，庑殿顶是等级最高的，而故宫太和殿和太庙享殿采用的都是最高等级的重檐庑殿顶。

第二，是唯一性。太庙是我国现存唯一的两个王朝共同使用的皇家祭祖建筑群，是中华民族祖先崇拜文化的集中体现，是北京中轴线的重要组成部分之一，是北京最具特色的人文景观。

第三，是完整性。太庙是一个建筑群，不是一个单独的庙，而且是一个保存完整、功能齐全的建筑群。太庙位于紫禁城左前方，平面呈矩形，有三重红墙环绕，建筑格局完整，建筑保存完好。

第四，是原真性。太庙的主体建筑都是明代建筑的原构，是明代官式建筑最经典的遗存。太庙主要建筑三重大殿、戟门、东西配殿、神厨、神库、井亭、玉带桥、牺牲所等，主体建筑均为明代原构，体量之大为中轴线之最，蕴含着祭祖制度的完整理念和历史信息。

明朝永乐皇帝在永乐十八年（1420）初步建成紫禁城，次年，紫禁城主体建筑三大殿全部被烧毁。明朝正统年间（1436—1449），重建三大殿，嘉靖年间（1522—1566），三大殿再次被烧毁；重建后，万历年间（1573—1620），三大殿又被烧毁；天启年间（1621—1627），重建三大殿，李自成进北京，放火烧了紫禁城，三大殿只剩下一点地基。清军入关以后，紫禁城建筑大多是被重建的，只有角楼等少数偏远建筑是明朝遗留下来的。因此，确切地说，现在的故宫，基本上是清朝修建的，明朝建筑微乎其微。另外，天坛只有南神厨是明朝的，北京的一些建筑，如大高玄殿是明朝的。这些现存明代建筑都无法和太庙相比。太庙这种体量巨大且基本上为明朝原构的建筑，在中轴线上是绝无仅有、极为珍贵的。

第五，是艺术性。建筑是无声的音乐。太庙在规划布局、建筑形态、建造技术、色彩运用等方面都具有极高的艺术性，蕴含着"左祖右社"的古代都城营建规制。中国古代建筑通常为石基、木构。木结构之一的宫殿建筑，行话叫作官式建筑，其艺术性发展到明朝达到了顶峰。太庙作为中国农耕时代皇家建筑顶峰之作，整体上非常优美。

例如，身处戟门和玉带桥，从东往西看，能看到端门歇山顶侧面的描金金光闪闪；玉带河波光粼粼，与玉带桥上的栏杆和戟门形成非常优美的景观。如果是夏天，荷花盛开就更美了。又如，在后河景区，站在栏杆旁，往左能看到五凤楼，即故宫的午门，往右能看到故宫的角楼。太庙的西北门正好对着故宫午门前东侧的阙左门。太庙是紫禁城内柏树最多的地方，最老的柏树有五百多岁了，树干遒劲斑驳，树叶终年碧翠，有一种古老、庄重和质朴之美。太庙中的古柏，雨中清新、风中萧瑟、雪后挺拔，一年四季，美不胜收。

三、太庙罕见的文化价值和超越国界的普遍意义

有一句著名的话：越是民族的，越是世界的。民族特性越鲜明，越是有世界意义和人文价值。太庙所蕴含的文化就完全符合这样的标准。

北京太庙作为唯一遗存的中国两代皇家祭祖建筑群，是将中国传统的儒家礼制思想与古代宗庙建筑设计相结合的优秀典范，也是研究中国古代皇家祭祖建筑、祭祖制度和祭祖文化的重要载体，毫无疑问具有多方面的重要价值，罕见而且具有普遍意义。具体理由如下：

第一，祖先崇拜是世界上所有民族共有的文化，从这个意义上说，太庙的文化具有人类的普遍意义。但是，太庙是中华祖先崇拜文化外在形式的集中展现。它虽不是宗教，但是超越宗教，无论是祭祖观念、祭祖仪式、祭祖制度，还是由此而产生的礼乐文化，都是中华民族文化融通的精神纽带，是五千年以来渗透到中华民族骨髓的生活方式和人文自信。祖先崇拜和礼乐文化，把所有的中国人凝聚起来，使几乎每一个人都遵守社会秩序，具有很高的道德素养，家国一体，勤劳创新；使社会最大限度地尊重人、遵循人本主义，不语"怪力乱神"，创造了极为灿烂的物质文明和精神文明；使中华文化始终没有中断，并且在很长一段时间内领先世界，为人类的进步发展、天下一家、世界大同，做出了杰出而又恒久的贡献。

不仅过去、现在，还有未来，中华民族都是世界上最优秀的民族之一，中华文化也是擅长续航的最伟大的文化之一，这一点得到了很多现当代杰出人士的肯定。例如，英国哲学家罗素在其《中国问题》一书中说："中国至高无上的伦理品质中的一些东西，现代世界极为需要。这些品质中我认为和气是第一位的。这种品质若能被全世界采纳，地球上肯定会有比现在更多的欢乐祥和。"①

中华文化的这种罕见的特性，其基因和密码就蕴藏在太庙中，这就是敬天尊祖、慎终追远、天人合一、世界大同、人文教化、秩序创新、与时俱进、继往开来。

第二，太庙是中国古代官方举行精神崇拜活动——祭祀活动的场所。农耕时代，在民间地方宗祠祭祖、自然神崇拜祭祀的基础上，经

---

① ［英］罗素著，《中国问题》，秦悦译，学林出版社，1996 年版。

过古代知识分子、士人圣贤的收集、整理和提炼，官方形成了一整套典雅恢宏的祭祀礼制。这套制度通过祖先崇拜和礼乐文化的内在精神、国家制度，将中华民族聚集在了炎黄先祖的旗帜下，把所有的族群凝聚起来，铸造出了民族共同的灵魂。

第三，中轴线作为古都和现代首都遗产申遗，其地域性标志就来自祭祖的太庙，来自数千年的中华文化城市建造规制。

按照中国古制，"有宗庙曰国，无曰邑"。所以，邑被称作"都"或"国"是因为建有宗庙。古代圣贤的论述和阐释，使"都""邑"数千年的古老定义得以明确，这种定义在传统文化中具有权威性。这一权威性，确定了宗庙乃至太庙是都城决定性的标志之一。因而，太庙也是北京都城中轴线的标志，这就是太庙在中轴线申遗中所拥有的最重要的、本质的、罕见的、绝无仅有的标志性地位。也就是说，没有太庙，就没有国都北京，就没有北京的中轴线。这就是太庙坐落于北京中轴线核心部位的原因，这是由中华五千年传统文化的核心之一——祖先崇拜和礼乐文化所决定的，是中华民族不可撼动的精神基因。

第七章

太庙文化的罕见性
与普遍意义（上）

2005 年版《实施〈世界遗产公约〉操作指南》中对"突出普遍价值"的定义做出了修改：突出普遍价值是指遗产具有罕见的文化和（或）自然价值，它超越了国家界限，对全人类的现在和未来均具有普遍的重要意义。[①]这与中国民俗学和民间艺术的独特价值中的一个重要观点一致：越是民族的，越是世界的。下面就太庙文化所蕴含的"罕见"与"普遍价值"的同一性进行具体的论述。

第一节 太庙承载中华传统哲学

太庙可透视中国宗法社会历史。宗法制作为敬畏祖先、效法祖宗的思想和社会制度，是中国所独有的精神体系，是一种崇高的精神崇拜，与宗教制度有着本质的不同。

中华民族自夏朝起便渐渐使分封到各地的"诸夏"结成整体，这有利于统一文化的传承。夏禹开始"家天下"，秦始皇确立"帝制"，清代中央集权制度发展到顶峰，祭祖的作用功不可没。

《礼记·大传》曰："人道亲亲也。亲亲故尊祖，尊祖故敬宗，敬

---

① 侯甬坚等编，《统万城建城一千六百年国际学术研讨会文集》，陕西师范大学出版总社，2015 年版。

宗故收族。""收族"即收拢族人，揭示了"尊祖"的目的在于团结族人。维系思想情感的纽带关系，是种族认知、文化认同、国家认同之要，是教化之本和强化归属感的前提。

祖先崇拜的观念起源很早。古代祭祖从原始简单的形态发展演变为复杂的制度，是一个漫长的过程。祭祀活动从原始氏族就已开始。自20世纪20年代瑞典考古学家安特生在河南省渑池县仰韶村首次发现仰韶文化晚期的两件陶祖以来，在我国的云南、新疆、内蒙古、陕西、甘肃、宁夏、山东、山西、安徽、湖北、湖南、福建、广东、广西、台湾等省（自治区）都曾发现过史前时期的陶祖、石祖或木祖。

学术界将发掘出土的"祖"解释为男性生殖器模型，即古代原始先民的生殖崇拜物。其中，陶祖是陶制的男性生殖器模型，曾是我国远古社会广泛存在的一种男性生殖崇拜文化。有观点认为，我国进入新石器时代晚期之后，由于男性社会地位发生变化，在族群中享有较高的威望，人们开始崇拜男性，各种材质的"祖"的出现就代表着我国开始进入父系氏族社会。

汉字作为象形文字，源于图画文字，从早期甲骨文到金文，凡"祖"字均写成男祖的形状，即"且"，这从视觉图像和汉字起源上说明了男祖崇拜的存在。据《礼记·檀弓上》记载："夫祖者，且也。"又《礼记·郊特牲》记载："万物本乎天，人本乎祖。"[1]

迄今为止，我国考古发现最早的祭祀祖先的实物，是从浙江余姚河姆渡遗址发现的六千多年前的陶塑神像。之后，甘肃礼县高寺头、秦安县大地湾和寺嘴、天水市柴家坪等地，也出土了五六千年前仰韶

---

① 李焕云，《陶祖演变及崇拜探析》，《丝绸之路》，2015年第20期。

文化时期的彩陶瓶，瓶口塑成人头形状，这些彩陶瓶都是祖先神的偶像。再后来，陕西华县出土了四千一百年前的陶祖，即陶制的祖先牌位，或称神主，南方的屈家岭文化也有类似的发现。可见很早之前，古人就已有了祭祀祖先的活动。

氏族社会时期，传说中的祖先变成了神，即祖神，这和外国"图腾"的产生有相似之处。"图腾"一词源于北美印第安人的方言，是氏族族徽，也是氏族的名称，来源于想象中的氏族祖先，通常是某种动物、植物或其他自然物。中国古代没有明确的"图腾"概念，与之类似的是原始的"姓"。原始的姓，表面上是氏族的名称，实质上也是氏族起源的动植物或其他非生物。例如，《说文解字》中说："姓，人所生也。古之神圣人母感天而生子，故称天子。因生以从女，女生亦声也。"①商代亦有"玄鸟生商"的传说。

随着时代的发展，氏族不断繁衍扩大，祖神越来越多，人们不能全部祭祀。到父系社会时，就把祖神分成了三类：始祖、远祖和近祖，古称太祖、祧祖和祢祖。

在华夏族的父系社会中，氏族指以血缘关系结成的基本的社会经济单位。其直系近祖有四个：高祖父母、曾祖父母、祖父母、父母。当第六代成年并参加祭祀活动时，原先的氏族自然地按第六代人的高祖的不同而分成若干新氏族，原先的高祖升为远祖。远祖在氏族中不受祭祀，只有当全体胞族举行共同祭祖仪式时，才被祭祀。远祖也不只是一代人，而是若干代人。最远的一代远祖，就是整个部落共同的远祖，即始祖。若干个具有共同祖先的部落构成原始民

① 《太平御览》卷三百六十二。

族，在祖先崇拜力量的作用下，始祖是凝聚全民族的旗帜，是民族种姓的象征。由于民族传说的神化，民族始祖一般都成为神人或圣人，夏族的禹、商族的契、周族的后稷都是民族始祖。原始的民族与民族之间，也可能具有共同的祖先，但因年代久远，传说模糊，都成了神话人物，如黄帝、炎帝、伏羲、女娲等。祖先崇拜与祭祀中的始祖，一般指部落或民族的始祖。

祭祀祖先时，要有祖先的象征物。最初是以盛着骸骨毛发的陶罐为祖神，为了像其形貌，这种作为祖神的陶罐有的就塑成人形，成为偶像。有的偶像，以木头雕刻，叫木偶。木偶多以柏木为材料，造型一般粗糙简陋。文字发明以后，人们改用写有死者代号的木牌作为神主。为了祭祀时神主能够直立，木牌下端加上较宽的底座。殷代卜辞中，神主大都称为"示"，周朝以后，神主大都称为"主"。

祭祀时，神主并不是直接陈列在神龛上，而是盛在一种小柜里，连小柜一起置于神龛上，这种盛神主的小柜，古代称作匰（dān）。①

就这样，经过漫长的发展演变，祭祀祖先的本质和基础形成了，中华民族祭祖文化的薪火被点燃并代代传承。后来，随着中华文化的发展，象征中华民族的龙逐步成为中华儿女共同的图腾。

---

① 杜希宙、黄涛编著，《中国历代祭礼》，北京图书馆出版社，1998年版。

第二节　太庙蕴含中华传统礼制

从礼制的角度来看，北京太庙是华夏文明的积淀，它在规划选址、建筑设计以及祭祀礼仪上，无不严格按照中国古代《周礼》《周易》的相关规定，将古人崇祖敬宗的文化传统表现得淋漓尽致。中国古代历朝历代均建宗庙祭祖，而北京太庙是完整保存下来的唯一实例，是古人的杰作。

一、太庙礼制文化起源于祭祀

《荀子·礼论》中说："礼有三本。天地者，生之本也；先祖者，类之本也；君师者，治之本也。无天地，恶生？无先祖，恶出？无君师，恶治？三者偏亡焉，无安人。故礼，上事天，下事地，尊先祖而隆君师，是礼之三本也。"这段话的意思是说，礼有三个根本，天地是生存的根本，祖先是种族的根本，君长是政治的根本。没有天地，怎么生存？没有祖先，种族从哪里产生？没有君长，怎么能使天下太平？这三样即使部分地缺失了，人民也不会安宁。所以礼，上事奉天，下事奉地，尊重祖先而推崇君长，这是礼的三个根本。

"礼"起源于祭祀，在儒家的心目中是维系天地人伦、上下尊卑的宇宙和社会秩序的准则。礼既是规定天人关系、人伦关系、统治秩序的法规，也是约制生活方式、伦理道德、生活行为、思想情操的规范。礼就是秩序与和谐，其核心是宗法制和等级制——人与人、群体与群体之间存在着等级森严的人伦关系。礼制的概念往往有多种解释、多层含义，第一层含义泛指各类典章制度，包括社会制度、国家制度，如封建制、宗法制等；第二层含义特指礼仪制度（制度化的礼仪）、礼器制度或各种有关的名物制度。中国传统建筑中的礼制突出上述第一层含义，因为礼制所强调的秩序与和谐，属于礼的精神特质，其源头是宗法制和等级制。

二、太庙礼制文化与建筑密切相关

礼制建筑中的一个大类就是宗庙建筑。宗庙建筑不同于宗教建筑，宗教建筑是宗教性的，而宗庙建筑是礼制性的。太庙就是最重要的礼制建筑，其最重要的特征为非宗教场所，其祭祀的对象，既不是神也不是佛，而是皇帝的列祖列宗，配享的是功绩卓著的武将及文臣。

梁思成先生认为，建筑既是人类征服自然、改造自然的记录，又是一种艺术创造，反映着不同历史时期的社会生活和政治经济状况；不同民族的衣食、器物、居室都有不同的民族性格或民族特征；建筑在人类一切造型创造中是最庞大、最复杂的，所以它代表的民族思想和艺术更显著、更强烈，也更重要；建筑可以反映建造它的时代和地方的多方面的生活状况。从他的观点中我们可以看出，建筑不仅受其建造时的地理环境的影响，更重要的是受其文化的深刻影响。建筑是文化的载体，礼制思想作为中国两千多年农耕社会文化思想体系的重要组成部分，在城市规划布局、民居院落的形制乃至建筑规制方面都有所体现。

三、太庙建筑与社会生活息息相关

太庙是皇帝祭祀祖先的殿堂，宗庙是诸侯国与藩国王族祭祀祖先的殿堂，这种制度延伸到民间，就是家族祠堂和每家每户设有神榜。

对祖先的祭祀，一方面是尊崇尽孝，一方面是向祖先祈福。正如《说文解字》中所说："礼，履也，所以事神致福也。"①同时，礼乐的形式对人具有秩序与和谐的教化功能。《礼记·曲礼上》进一步解释说："道德仁义，非礼不成；教训正俗，非礼不备。分争辨讼，非礼不决；君臣上下，父子兄弟，非礼不定。"《左传》在强调礼与国家、人民的重要关系时说："礼，经国家，定社稷，序民人，利后嗣者也。"《荀子》曰："礼者，治辩之极也，强国之本也，威行之道也，功名之总也。"《礼记·经解》曰："礼之于正国也，犹衡之于轻重也，绳墨之于曲直也，规矩之于方圆也。"

礼制文化的秩序和等级反映在建筑上，不仅贯穿于社会政治和家族中，而且渗透到了社会生活的各个领域。建筑是传统礼制的一种象征与标志，从周朝开始，历朝历代都实行了建筑的等级分类。不管是城市、建筑组群、坛庙、会堂、门阙、庭院、台基、屋顶形式、建筑面阔和进深，还是斗拱、门钉、装饰色彩等，都被纳入了礼的规制。

四、太庙文化体现礼制的突出特征

基于礼的需要而形成的建筑等级制度，是中国古代建筑的独特现象，对中国古代建筑体系具有重大影响，其中最为突出的有以下两点：

---

① 《御定康熙字典》卷二十一。

（一）形成中国古代建筑类型的形制化

在中国古代建筑中，不同类型的建筑，突出的不是它的功能特色，而是它的等级形制，凡是同一等级的建筑，就用同一形制。例如，太和殿、乾清宫、太庙享殿等，虽然建筑性质各异，但基于等级最高的层面，均采用重檐庑殿顶。

（二）形成中国古代建筑的高度程式化

在中国古代，建筑布局、建筑规模、间架结构、屋顶样式、细部装饰等，都被纳入等级的限定，形成固定的形制，并且在农耕社会长期延续。这使得建筑单体乃至庭院整体越来越趋向程式化，整个建筑体系呈现出建筑形式和技术工艺的高度规范化。这既保证了中国建筑体系发展的持续性和独特性，保证了建筑整体的统一性和协调性，保证了建筑普遍达到规范的标准水平，也形成了太和殿、太庙等礼制建筑的突出特点。

第三节　太庙祭祀的基本制度

一、核心内容宗法制

宗法制是中国古代社会的一种重要制度，是太庙祭祖活动的基础。了解宗法制是了解中国古代传统文化的一把钥匙，首先要弄明白三个概念：家族、宗族和宗法。

家族由若干具有亲近血缘关系的家庭组成。自进入文明社会以来，我国古代的家族一直是由父系的血缘连接的，而若干出自同一男性祖先的家族又组成了宗族。

宗族是同一高祖父传下的四代子孙或更多的世代组成的血缘关系组织，家族和宗族密不可分，有时会合而为一。

宗法是指一种以血缘关系为基础，标榜、尊崇共同祖先，在宗族内部区分尊卑长幼，并规定继承秩序以及不同地位宗族成员具有的不同权利和义务的法则，由父系家长制发展而成。

宗法制是由父系氏族社会的家长制演变而来的。在父系氏族社会中，世系以父系计算，父系家长支配着家族成员，甚至对他们有生杀予夺之权。在父系氏族社会的后期，随着生产力的发展和剩余产品的增加，私有财产产生了，父系家长死后，其权力和财产需要有人继承，于是就规定了一定的继承程序，而一代父系家长生前的权威在其死后仍然使人敬畏，子孙们幻想得到他们亡灵的庇护，于是又产生了对男性祖先的崇拜，以及随之而来的种种祭祀祖先的仪式。这些都为宗法制的萌芽准备了适宜的土壤。

进入阶级社会以后，宗法制逐步形成了。宗法制主要实行于统治阶级内部，成为调节内部关系、维护世袭统治、奴役劳动人民的工具。

父系氏族社会的后期，部落联盟的领袖在一定程度上已经具有后世国王的权力，但这一职位是由各部落首领协调推选的，这就是"禅让"。夏禹死后，其子启继承王位，把尧舜时代的"禅让"，即从贤明人士中选接班人的办法，变成了"传子不传贤"的"家天下"，开创了我国第一个奴隶制王朝。我们不能以今天的观点评价大禹自私，他不过是顺应历史的发展趋势，揭开了中国进入奴隶社会的第一幕，用世袭的办法来维护以血缘为纽带的家族利益，从而相对地维护了社会的安定。从此，中国古代便开始了如《礼记·礼运》所说的"大人世及以为礼"。意思是说：以儿子继承父亲的王位称作"世"，以弟弟继承哥哥的王位称作"及"，这就是礼规定的秩序。

宗法制起源于夏朝，之后逐步发展成熟。由于社会的发展，民族、部落、胞族等血缘组织都构成相对独立的政权。为了解决财产和爵位的继承问题，产生了以嫡庶制为核心的宗法制度，其核心是嫡长子继承制。氏族分蘖时，氏族家长的嫡长子不仅继承原氏族的爵位和主要财产，而且所在氏族的名号也沿袭不变，是为嫡系氏族，称为"大宗"；嫡长子的同母弟与庶兄弟所在的氏族则作为旁系支族而受嫡系氏族的庇护和领导，称为"小宗"。这样，旁系氏族所祭祀的祖先，严格地限于氏族内的近祖，而宗族祖先只能由嫡系氏族家长代表宗族主持祭祀。尽管大宗百世不迁，但仍保持近祖和远祖的界限，祭祀的规格和周期有严格的区分。①

周武王伐纣灭商，建立了统一的西周王朝。周朝统治集团在自身宗法制的基础上，对商代原有的宗法制度进行了充实和发展，使其更加系统化，更加典型和严密。这在周朝的卜辞和青铜器铭文中有大量的记载。

按照周朝的宗法制度，宗族分大宗和小宗，周王自称天子。天子既是同姓贵族的最高家长或叫族长，也是政治上的共主，掌握着国家的最高军政大权。天子之位，世世以嫡长子继承，永为大宗。天子的

---

① 杜希宙、黄涛编著，《中国历代祭礼》，北京图书馆出版社，1998年版。

同母弟及庶兄弟被分封为诸侯，诸侯对天子为小宗，在其封国则为大宗，其职位亦由嫡长子继承，他们以国名为氏。诸侯的庶子封为卿、大夫，卿、大夫对诸侯为小宗，在本家为大宗，其职位也由嫡长子继承，他们以官职、邑名、辈分等为氏。从卿、大夫到士，其大宗与小宗的关系，依次类推。这样，宗法组织就与国家组织统一起来。从天子到卿、大夫、士的宗法组织，同时也是奴隶制国家的政权组织。在不断地区分大宗、小宗的同时，宗法制度又不断地依辈分区分昭穆。区分昭穆就是把始祖以下的同一宗族的许多世代的男子，按照一昭一穆的次序轮流排列。在宗庙中，始祖的牌位居中，始祖以下祖先的牌位依照左昭右穆的次序排列。区分昭穆便于记忆宗族成员的辈次，这在重视行辈尊卑、血缘亲疏的宗法社会是十分必要的。

宗法制不仅规定了周室同姓贵族之间的关系，而且通过联姻的方式，也规定了周室与异姓贵族之间的关系。因为在周朝，周室贵族有同姓不准通婚的制度，只准与异姓通婚，由此使周室与异姓贵族之间形成了血缘联姻的关系。实际结果是周天子与同姓诸侯为兄弟叔伯的关系，与异姓诸侯为甥舅关系，往下同此。这样，在奴隶主阶级统治内部，从上到下，即使没有宗族关系，也存在着姻亲关系，盘根错节，在全国范围内形成了一个严密、完整的统治结构。

西周以后的历代奴隶制、封建制王朝仍实行宗法制，但西周宗法制与封建宗法制的区别在于：西周的宗法制是宗族血缘关系与政权机构、经济结构相结合，宗族血缘和姻亲的关系，决定了他们之间的社会关系和等级地位；而封建宗法制则是嫡长子继承制、官僚等级制、父系家长制、夫权至上相结合。封建制王朝中，无论中央还是地方的官吏，都不必与皇帝有宗族血缘关系，官僚贵族的等级与宗族血缘无直接的联系。这些官吏贵族即使是有封邑，也只是食租，封邑也不是他们的世袭领地。

宗法制的核心是嫡长子制，即认为家族中嫡长子、长孙一支地位最高，并以此来确定财产继承、官职承袭、长幼尊卑等一系列的封建秩序。人们要说明自己的地位，就需要把老祖宗抬出来，这就促成了祭祀祖先活动的发展。祭祀祖先要有个地方，小户人家只能在堂屋里摆个牌位，烧上几炷香，乞求祖上保佑；人多势众的大族则不同，往往建立规模不等的祠堂（又叫家庙），把显赫的祖宗炫耀一番。全国最有势力的家族自然是当朝皇帝，皇帝祭祖的地方就是太庙。所以，太庙及其祭祀祖先的礼仪是在宗法制度的基础上产生、发展并逐步形成一套完整制度的。

二、祭祖时间有规制

佑太平是太庙祭祀活动最主要的目的和宗旨之一。皇帝为什么要祭祖呢？主要就是为了祈福——请求祖先保佑现在的人和子孙万代都太平、幸福、安康。太庙祭祖主要有时享、岁末祫祭、告祭、进鲜四种方式。

时享又叫四孟。中国的长幼顺序有孟（伯）、仲、叔、季，孟排第一，四孟就是指每季度的第一个月、第一日要在太庙举行隆重的祭祖仪式，如果与其他重大事件冲突了，就再择其他吉日进行。岁末祫祭是指大年三十的前一天，把祖先的牌位都集中在大殿，进行隆重的祭祖仪式。告祭是指皇家、国家、朝廷有重大事项如婚丧、登极、亲政、册立、征战等时，所进行的祭祀，一般由皇帝亲自或者派重要大臣到太庙的寝殿举行祭典。进鲜，也叫荐新，就是每个月把新鲜的蔬菜和果品供奉到寝殿的祖先神主前面。

三、庙制数量有规律

按周朝庙制，天子七庙，诸侯五庙，大夫三庙，士一庙，庶人无庙"祭于寝"。以后各代都在这个基础上建立自己的宗庙制度。

天子七庙，即三昭三穆，与大祖之庙，合而为七。所谓昭、穆，是指宗庙中位次的排列。自始祖以下，父曰昭，子曰穆。诸侯五庙，即二昭二穆，与大祖之庙，合而为五。大夫三庙，士一庙。[①]

《礼记·祭法》则说，王立七庙一坛一墠（shàn），即考（父）庙、王考（祖父）庙、皇考（曾祖父）庙、显考庙、祖考庙，另有远祖之庙二，称为"二祧"。诸侯立五庙、一坛一墠，即考庙、王考庙、皇考庙、显考庙、祖考庙。大夫立三庙二坛，即考庙、王考庙、皇考庙。上士立二庙一坛，即考庙、王考庙；中士、下士一庙，即考庙；庶士、庶人无庙。

汉代经学家刘歆认为，周人宗庙自始祖后稷以下有文王、武王两宗没有列入七庙的数目中，他们的庙称为"世室"，因此实为九庙。后代不少学者赞同此说。不过，"七庙"也好，"九庙"也好，随着世代延续，总是不够的。对于渐渐远去的"亲尽"之庙，礼仪规定有"毁庙"制度，即除始祖之外，不在"七庙"之数的远祖的宗庙平时都不再加以祭祀，神主被移入"祧庙"内，藏在石函或专设的房间里，每当祫祭时才请出来。祫祭就是合祭，把远近祖先的神主集中在一起进行总祭。

---

① 《礼记大全》卷五。

四、分祀合祭是进步

（一）王莽复古一改九

新朝王莽改制，一庙改九庙，其建筑群位于汉长安城安门和西安门南出一公里许的平行线之内。这组建筑群由十二座建筑组成，建筑形式相同。在一号至十一号建筑的外边有一周方形夯土大围墙，十二号在大围墙的南边正中，其北围墙距离一号至十一号建筑的大围墙仅十米。每座建筑都由中心建筑、围墙、四门和围墙四角的曲尺形配房组成，中心建筑和围墙的平面均作方形，轮廓如"回"字，规矩方正，整齐划一。[①]

（二）光武同堂异室制

从文献有关记载和考古发现来看，至少在秦至西汉时期，每个王或皇帝都单独立有宗庙，在宗庙建筑形制上实行的是每王（帝）异庙的制度。[②]西汉末年赤眉军攻克长安，焚毁汉家宫殿宗庙。东汉开国皇帝光武帝刘秀迁都洛阳后，将西汉帝王十二陵合入高庙，作十二室。刘秀死后，汉明帝刘庄为他立了世祖庙。明帝临终遗诏，不准为他建立寝庙，他死后，庙主藏于世祖庙别室内。其后，古礼为之一变，独立的昭穆之庙变为"同堂异室"之制，即在一庙之内依世次分为若干室加以祭享。宗庙正祭为四时孟月及腊月，一岁五祭，后代基本上沿袭了东汉制度。东汉在沿袭古礼以及西汉皇帝七庙制度的同

① 黄展岳，《关于王莽九庙的问题——汉长安城南郊一组建筑遗址的定名》，《考古》，1989 年第 3 期。

② 郭善兵，《东汉皇帝宗庙礼制考论》，《华东师范大学学报》（哲学社会科学版），2004 年第 3 期。

时，改变传统的为去世的王（帝）单独立庙的规制，实行皇帝宗庙"同堂异室"之制，并为后世历代王朝所沿用，对后世皇帝宗庙制度产生了深远影响。

（三）晋隋异庙未能行

西晋武帝泰始二年（266）、隋炀帝大业元年（605）皆曾经有恢复周礼，实行每帝异庙制度的议论，但是都未曾付诸实施。

（四）嘉靖倒行一改九

嘉靖十一年（1532），一个叫廖道南的官员上奏请求将一个太庙改建为九个太庙，即将合祀制改为分祀制，皇帝批准了他的请求。嘉靖十三年（1534），皇帝要改建九庙，朝廷讨论方案，最后，世庙比其他庙高的方案得到嘉靖皇帝的认可。嘉靖十四年（1535）二月，皇帝亲往祭祀先帝和社稷，撤销原来的太庙，开始分建九庙。嘉靖十五年（1536）十二月，九庙建成。

嘉靖二十年（1541）四月夜间，太庙遭灾，八座庙被雷火烧毁，只有睿宗的庙未毁。

嘉靖二十三年（1544）四月，礼部和朝廷的群臣商议，将太庙建成"同堂异室"的规制，嘉靖皇帝说："料造已会计明白，只并力早成。"意思是说：我料到群臣开会已经把太庙合祀的事情讨论清楚并决定下来了，我只好听从大家的意见。既然定了下来，就赶快征集力量早日修建完成吧。这样，太庙的规制重新确定下来，一直沿用到清代。

嘉靖二十四年（1545）七月，新的太庙建成，举行祭祖礼仪，百官都来祝贺，并诏告天下。

第四节　太庙文化中的非遗礼乐

一、中国古代帝王行五礼

在古代社会中，皇帝是最高的统治者，为了维护君权至高无上的地位，朝堂、宫廷礼仪尤其繁复严格。其礼仪大体分为五类，即吉礼、凶礼、宾礼、军礼、嘉礼。《周礼·春官·大宗伯》将五礼做了具体规定：以吉礼事邦国之鬼神；以凶礼哀邦国之忧；以宾礼亲邦国；以军礼同邦国；以嘉礼亲万民。《周礼·地官·大司徒》明确了五礼之目的："以五礼防万民之伪而教之中。"秦统一天下，悉前代礼仪采择其善，为朝廷所用。汉以后则视礼乐为国者之急，并以此作为帝王活动的一部分，更趋于制度化，定以祭祀之事为吉礼，冠婚之事为嘉礼，宾客之事为宾礼，军旅之事为军礼，丧服之事为凶礼。此后虽然历朝帝王礼仪活动所含内容不尽相同、名称各异，但纵观中华几千年文明史，历代帝王皆备五礼而不改。

吉礼为祀神致福之礼。祭祀鬼神山川封禅之事，始于远古，首推皇帝以为多。西周定五礼，以吉礼为首，事邦国之鬼神。时祀鬼神之要者为天神、地祇。因祀天地神祇皆于郊外，故曰郊祀。秦汉以后将大祀谓之郊，群祀谓之祀，使祭祀之礼趋于繁杂。然其祀制并未完备，各朝各代郊祀之制多变，亲五亲祀时间间隔不一，郊祀内容有差，从祀之神各异，仪式、祭品更有出入。至唐其制日臻完善，祭祀之事亦有大祀、中祀、小祀之别，其仪式亦有五十五种之多。宋因唐制而有别，祭祀之多有三，天神为祀，地祇为祭，宗庙为享。又有大、中、小祀之分。全年大祀有三十起，中祀九起，小祀九起，另有地方诸州之奉祀。金元虽未对吉礼内容做具体规定，却有天地日月郊坛之祀礼。明清之制因袭唐宋，祭祀亦分大祀、中祀、小祀。清变小祀为群祀，其类别亦较前代繁多。清吉礼凡十二种类，共一百二十余项，皆有行祀仪制。大祀系帝王举行祭祀活动中最隆重的一种，唐宋至清祭祀内容虽有变，然祭祀天地、宗庙、社稷则始终未更。

清代五礼的具体内容如下：

吉礼：名目多达一百二十余项，包括祭祀天地、神祇、太庙、历代帝王、先圣先贤、忠烈名臣等祭典。

嘉礼：名目有七十余项，包括登极、传位、亲政、婚嫁、庆寿、册封、颁诏、筵宴等庆典。

军礼：名目有十余项，包括大阅、亲征、命将、纳降、凯旋、献俘、日月食救护等礼仪。

宾礼：名目有二十项，包括朝贡、敕封、宗室外藩王公相见、官员相见、宾朋相见、师弟相见等礼仪。

凶礼：名目有十余项，包括帝后、妃嫔、皇子、亲王、公主、品官以及庶士、庶人等的丧葬礼仪。

二、天人合一的和谐文化

《礼记·乐记》曰："乐者，天地之和也；礼者，天地之序也。和，故百物皆化；序，故群物皆别。乐由天作，礼以地制。"太庙是紫禁城外朝最重要的组成部分之一，但又相对独立，形成了巨大的古代宫廷建筑群。从物质遗产角度考察，太庙的建筑格局、建筑样式、建筑群体、建筑环境，无一不与其祭祀祖先的崇高地位相匹配。它以雄伟和庄严征服了所有的朝拜者，体现了"礼之三本"，对农耕社会的和谐、稳定发挥了极为重要且不可替代的作用。

三、导志和声的教育文化

《礼记·乐记》中载，"凡音之起，由人心生也。人心之动，物使之然也。感于物而动，故形于声。声相应，故生变，变成方，谓之音。比音而乐之，及干戚羽旄，谓之乐。乐者，音之所由生也，其本在人心之感于物也"，故"礼以道其志，乐以和其声，政以一其行，刑以防其奸。礼乐刑政，其极一也，所以同民心而出治道也"。

总之，太庙中蕴含的这些礼乐文化，符合非物质文化遗产的特征，充分体现了中国传统文化的本质——秩序与和谐。在农耕时代，它体现了中华文化的正统性，增强了民族凝聚力，实现了人文教化，促进了社会和谐，创造了灿烂的物质文明和精神文明，实现了民族和文化的延续。

第八章

太庙文化的罕见性
与普遍意义（下）

第一节　太庙祭祖建筑群的古建价值

明清两代，皇家祭祀坛庙逐步完善，到清代最为主要的有九坛八庙。其中，八庙是指太庙、孔庙、奉先殿、传心殿、寿皇殿、历代帝王庙、雍和宫、堂子。太庙名列八庙之首，堪称"天下第一庙"。

太庙总面积十三点九万平方米，坐北朝南，平面呈长方形，主要建筑由南向北依次排列在中轴线上，古朴典雅，加上封闭的院墙、浓荫的古柏，气氛凝重而庄严，与皇家祭祖建筑的性质完全一致。

太庙建筑群布局完整，结构合理，工艺精巧，是中国古代木结构建筑的巅峰之作。从布局上看，太庙建筑群被三道黄琉璃瓦顶的红围墙分隔成三个封闭式的院落。

第一层院落面积很大，约占太庙总面积的百分之六十，除少许假山、亭台外，四周遍植柏树，浓荫蔽日，枝繁叶茂。院内有宰牲亭、治牲房、奉祀署（现已不存）等建筑。祭祀功能齐备。

第二层院落的礼仪之门——戟门居中，玉带河横亘，东西六角井亭分列两侧，左为神库，右为神厨。

第三层院落，是太庙建筑的核心与精华，是举行祭祖大典的最高礼仪场所。享殿黄琉璃瓦重檐庑殿顶，金丝楠木结构，殿内的六十八根大柱、浑金彩画、金砖是绝世珍品。享殿建筑的形体巨大，工艺精致，构思巧妙，构架复杂，雄伟庄严，殿内梁柱尺寸均为国内现存大型木构建筑之首。享殿坐落在三重汉白玉须弥座之上，每重均有汉白玉石护栏，望柱雕龙凤纹，正中有御路三层，分别雕饰"云龙纹"、"狮球纹"和"海兽纹"。

享殿后面的寝殿、祧庙，为黄琉璃瓦单檐庑殿顶。体量略小，精致亦如享殿。各殿东西配殿分列两侧，体现功臣配享。

总之，太庙建筑是物化了的中国古代优秀传统文化的代表之一，具有独特的文化内涵。太庙在建筑设计和营造上集明清建筑技术之大成，是中国现存最高级别的金丝楠木大殿，成为古代官式建筑中罕见的经典实例。其建筑不仅是中国古建筑技术和艺术的精品，而且是世界建筑文化中的杰作，有着极高的历史价值、艺术价值和科学价值。

第二节　太庙建筑体现礼制的十个方面

一、中轴雄阔立大统

中国古代建筑在建设之前都有规划，规划之前也有礼制的基本标准，这种标准是施工质量和施工安全的保障措施。按照标准进行建筑的设计和施工，是大到负责设计的大工匠，小到负责具体操作的一般工匠，都知道的规矩。只有设计者和不同工种的施工者彼此配合默契，才能实现严密的分工合作，完成复杂建筑的建造，不然很难不出问题。倘若是建造一座大型城市，几十万甚至上百万人集体劳作，礼制规矩作为一种严格的技术规范，就更加重要了。古代的城邑，根据大小和功能也有分类，而超大型的都城，是统一国家的象征。

都城形制是礼制最具体甚至最高级的体现。《周礼·考工记》"匠人营国"一节中记述："匠人营国，方九里，旁三门。国中九经九纬，经涂九轨，左祖右社，面朝后市，市朝一夫。"意思是说皇城必须以宫城居中的轴线为整体建筑的基准，因为这是天子所居之地；必须以宫城作为平面坐标系的原点设立其他建筑群，即宫城左前方为太庙。太庙及宗庙礼制建筑是礼制体系下形成的独特建筑类型。古人以左为上，朝廷的左前方是太庙，右前方为社稷坛。太庙象征祖先崇拜，社稷坛象征国家疆土。宫城外前方为朝廷，后方为市场。朝廷在皇宫之前，皇帝面南而君，群臣向北礼拜。贸易市场地位次之，占地面积不宜过大，设于整个皇城北部"卑位"。居民闾里分布于宫城外围，与宫城保持一定距离，老百姓既不得闯入皇城禁地，其居所又要起到拥戴朝廷的作用。这种皇城的空间格局充分体现了礼治秩序。《礼记·曲礼下》中记载："君子将营宫室，宗庙为先，厩库为次，居室为后。凡家造，祭器为先，牺赋为次，养器为后。"《周礼·考工记》中记述了西周的城邑等级，将城邑分为天子的王城、诸侯的国都和宗室与卿大夫的都城三个级别，规定王城的城墙为"九雉"（古代城墙长三丈高一丈叫一雉），诸侯的城墙为"七雉"，而都城城墙只能为"五雉"。三个等级的城邑的道路宽度也有规定，王城的经涂（南北向道路）宽九轨（九辆车的宽度），诸侯城的经涂按王城环涂（环城的道路）之制，宽七轨，都城道路宽五轨。到汉武帝时，《周礼·考工记》补作《周礼·冬官》，成为儒家经典，这种营建制度的等级观念自然产生了更为深远的影响。①太庙作为紫禁城外朝的重要组成部分和相对独立的建筑空间，是中国现存规模最大的皇家祭祖建筑群，其建筑充分体现了礼制的观念和规制。

二、礼制建筑细分类

礼制性建筑的地位，远高于实用性建筑。礼对建筑的制约，首先表现在建筑类型上形成了一整套庞大的礼制性建筑系列，而且把这些礼制性建筑摆到建筑活动的首位。

礼制性建筑起源早、延续久、形制尊、数量多、规模大、艺术成就高。从建筑类型看，坛、庙、宗祠、明堂、陵墓、朝、堂、阙、华表、牌坊等均属于礼制性建筑类别。

由于祭祀在古代被列为立国治人之本，排在国家大事之首，因此祭祀天神、日月、山川的坛，祭祀帝王圣贤的庙，以及祭祀祖先的宗祠在建筑中拥有最为重要的地位。明堂作为最独特的礼制性建筑，早期是天子召见诸侯的礼仪场所，后来衍生为诸多礼制功能的综合体，"礼"的理想模式充分体现在了明堂建筑中。在儒家"慎终追远"孝道观的支配下，丧葬成了践行孝道的重要环节，丧葬之礼也就成了礼制的重要组成部分，因此陵墓也成了礼制性建筑的重要组成部分。

朝，是宫城中帝王举行政务活动和礼仪庆典的行政区，在于显示帝王的唯我独尊、皇权的一统天下、封建统治的江山永固；堂，是渗透在宅第中的礼制性空间，是传统宅第空间布局的核心和重点，家庭中的敬神祭祖、宾客相见、婚丧大典、节庆宴饮都在这里举行。

---

① 夏文杰著，《中国传统文化与传统建筑》，北京工业大学出版社，2016 年版。

此外，礼制性建筑还有阙、华表、牌坊等建筑小品。阙，一方面起着"标表"的作用，用来表示建筑组群的隆重性质和等级名分；另一方面起着强化威仪的作用，能够有效地渲染建筑组群入口和神道的壮观气势，唐宋以后演化成宫廷广场的礼制性门楼。华表，两汉时称桓表，起源于原始社会部落的图腾竿子，以后演变为立于亭隅、桥头、墓前的标志性建筑，是一种建筑化的仪仗，很好地起到了表达崇敬、显示隆重和强化威仪的作用。牌坊属于最突出的礼制性建筑小品，从具有防范功能的实用性牌门演变得只具有标志性、表彰性的纯精神功能，既用于离宫、园囿、寺观、祠庙、陵墓等大型建筑组群的入口，以显示身份尊贵、组织门面空间、丰富组群层次、强化隆重气氛等，也用于街市的起点、十字路口、桥梁端头，以起到标志位置、丰富街景、突出界域的作用。[1]

北京太庙建于明永乐十八年（1420），是天子祭祀祖先的场所，是典型的礼制建筑，是一组完整的建筑群。它的占地面积和建筑体量都很大，建筑等级很高。但由于融于紫禁城的整体建筑中，太庙没有钟鼓楼，没有阙、华表和牌坊，大门和内门也没有石狮。据传原享殿平台上有日晷和嘉量，现已无存。

三、样式间数有规定

在中国古代，房屋形式可以粗略地归纳为三种类型：殿式、大式、小式。[2]殿式是古代等级最高的房屋，通常是帝王妃子等的起居处，佛教建筑中的大殿也有这种形式，比如大雄宝殿。这类房屋有些显著

---

[1] 夏文杰著，《中国传统文化与传统建筑》，北京工业大学出版社，2016 年版。

[2] 宋其加编著，《解读中国古代建筑》，华南理工大学出版社，2009 年版。

的特点：宏伟华丽，屋顶瓦饰、建筑色彩和绘画都有专门的意义，如黄琉璃瓦、重檐庑殿顶、朱漆大门、彩绘龙凤等。大式通常是各级官员和地方富商、缙绅的起居处，特点是不用琉璃瓦，斗拱彩饰有严格的规定。小式是古代寻常百姓的住所，特点是色彩单调，以黑色、白色为主。

在单体建筑中，等级制度突出地表现在间架、屋顶、台基和构架做法上。《明会典》中规定：公侯，前厅七间或五间两厦九架，中堂七间九架，后堂七间七架；一品、二品官员，厅堂五间九架；三品至五品官员，厅堂五间七架；六品至九品官员，厅堂三间七架。在中国古代建筑中，"间"指的是房屋的宽度，两根立柱中间算一间，间数越多，面宽越大；"架"指的是房屋的深度，架数越多，房屋越深。这是对于单体建筑平面和体量的限定。太庙享殿间架与太和殿相同，面阔为十一间。在中国古代官式建筑中，太和殿和太庙享殿是仅存的超级"九五至尊"的极限特例。

四、纲常秩序重教化

据《礼记·礼运》记载："昔者先王未有宫室，冬则居营窟，夏则居橧巢……后圣有作，然后修火之利，范金，合土，以为台榭、宫室、牖户……以降上神与其先祖。以正君臣，以笃父子，以睦兄弟，以齐上下，夫妇有所……"这段话把建筑的出现归结为懂得礼乐法度的圣人的建制，并将其提高到了纲常伦理的高度，进而强调了建筑艺术的礼乐功用。古人认为"国之大事，在祀与戎"。"戎"即战事、战争，关系到国家的生死存亡；而祭祀关系到国家的意识形态，关系到民族的精神崇拜。在农耕社会，"祭天"和"祭祖"是最为庄严隆重的国家典礼。太庙作为"天下第一庙"，其祭祖建筑的强大气场、建筑体量、建筑格局，及其环境布置、祭祀程序、笙歌乐舞，都极为隆重。对于出席这种仪式的贵族和文武大臣来说，其站位、进退、揖让、三跪九叩等都融于统一的仪式当中。让这些贵族和文武大臣从个人视角来观察国家的威仪，无疑是一种社会秩序感的教育，对于其孝德品质、家国情怀等方面是一种影响力极大的教化过程，可使其遵守本分、团结一致，产生巨大的民族认同感和文化凝聚力。这对于整个国家、民族、社会的和谐发展具有重大的意义。太庙的礼制作用得到了最大限度的发挥。

五、中正无邪巧布局

古代皇城的建筑单体和群体布局，很明显地体现了尊卑的差别与和谐的秩序，位于中轴线上的主要构图元素，具有显示尊严的效果。中国最早的一部关于王城规制的文献《周礼·考工记》中记载："匠人营国，方九里，旁三门。国中九经九纬，经涂九轨，左祖右社，面朝后市，市朝一夫。"太庙正是遵循着这种礼制观念进行建设的，往往位于国家政权中心的核心位置，位于显赫的城市中轴线上。街道纵横方正，布局严整，对称均衡，外廓方方正正，中国历代的都城几乎都是按照这种规制修建的，有严格的中轴线，宫城和皇城在大城北部中央，是中轴线的尽端高潮，皇城内左右分设宗庙和社稷。元大都"面朝后市""左祖右社""九经九纬"，已经接近了《周礼·考工记》的理想模式，而明代的北京，太庙进入皇城，成为紫禁城外朝极为重要的组成部分，真正实现了"中正无邪""左祖右社"的完美规制。

六、雄伟壮观体量大

古代建筑体现秩序和等级，有"贵多有等"的规定。礼，有以多为贵者，如在列祖列宗的祭祀庙制上，周朝规定"天子七庙，诸侯五，大夫三，士一"；有以大为贵者，如"宫室之量，器皿之度，棺椁之厚，丘封之大"；有以高为贵者，如"天子之堂九尺，诸侯七尺，大夫五尺，士三尺"。[①] 这里的"多"、"大"以及"高"指的都是体量。另外，这里的"堂"，指的是"台基"，说明台基的高度很早就被列入了等级限定。在佛教传入中国以后，宫殿建筑的台基与佛教建筑相融合，产生了一种最高等级的须弥座台基，用于宫殿、坛庙、陵墓和寺庙等高等级建筑中。须弥座台基本身又有一重、二重、三重的区别，用以在高等级建筑之间做进一步的区分。太庙享殿的须弥座，高近三点五米，分三重，每重都有望柱栏板，望柱头上有浮雕龙凤，恢宏大气，坚固稳定，华贵精美，使雄伟庄严的享殿更为壮观。寝殿须弥座与享殿相连，形成"士"字形，三重龙凤望柱栏板相围。后殿（祧庙）为独立的须弥座，望柱栏板形制与享殿、寝殿相同，是皇家礼制建筑的最高等级。

七、屋顶等级很严格

中国古代建筑的屋顶主要分为庑殿顶、歇山顶、攒尖顶、卷棚顶、悬山顶、硬山顶。再细一点划分就是单檐和重檐。在礼制当中，屋顶不再单纯用来遮风挡雨，大到一座梁架，小至一枚瓦片，都被人们赋

---

① 出自《礼记·礼器》。

予了越来越多的含义，形成了完整的等级序列，对于不同建筑的等级面貌，起到了十分醒目的标示作用。

庑殿顶有一条正脊和四条垂脊，屋顶前后左右都有斜坡。庑殿顶是中国古代建筑中等级最高的屋顶形式，只有最尊贵的建筑物才可以使用。太和殿、太庙的重檐庑殿顶，则更是古代建筑屋顶中的顶级形式，数量极为稀少。也有极个别的特例，就是天坛。天坛祈年殿虽为攒尖顶，按常理不如庑殿顶级别高，但三重檐是不可超越的。因为皇天上帝是众神之王，天比人更崇高，所以是极限高。

歇山顶有一条正脊、四条垂脊和四条戗脊（屋顶最边缘那四条比较短的脊）。歇山顶的正脊比两端山墙之间的距离要短，其上部的正脊和两条垂脊形成了一个三角形垂直区域，称为"山花"。在山花之下是梯形的屋面，覆盖着正脊两端的屋顶。歇山顶的等级较庑殿顶低一级。太庙东西配殿都属于歇山顶建筑。

攒尖顶没有正脊，只有垂脊，垂脊的多少根据实际建筑需要而定，一般双数的较多，单数的较少。例如，有四条脊的、六条脊的、八条脊的，分别称为四角攒尖顶、六角攒尖顶、八角攒尖顶等。此外，还有一种圆形攒尖顶，就是没有垂脊的。攒尖顶多用于亭子的建造。故宫的中和殿是攒尖顶建筑。严格意义上讲，太庙没有攒尖顶建筑，唯有东面假山有一个攒尖顶小亭，这不是太庙原来就有的，而是20世纪30年代新建的。

卷棚顶也称元宝脊，其屋顶前后相连处不做成屋脊而做成弧线形的曲面。卷棚顶形象优美、线条柔顺，多用于园林建筑。太庙最初的设计没有园林功能，所以太庙没有卷棚顶建筑。

悬山顶有一条正脊、四条垂脊，其特征是各条桁或檩不像硬山顶那样封在两端的山墙中，而是直接伸到山墙以外，以支托悬挑于外的屋顶部分。也就是说，悬山顶建筑不仅有前后檐，而且两端还有与前后檐尺寸相同的檐，于是其两山部分便处于悬空状态，因此得名。悬山顶是两面坡屋顶的早期样式，但在唐朝以前并未用于重要建筑。和硬山顶相比，悬山顶有利于防雨，而硬山顶有利于防风防火，因此南方民居多用悬山顶，北方民居则多用硬山顶。太庙治牲房为标准的悬山顶建筑。

硬山顶是双坡顶的一种，特点是有一条正脊、四条垂脊，形成两面屋坡。左右侧面垒砌山墙，多用砖石，高出屋顶。屋顶的檩木不外悬出山墙。硬山顶与悬山顶的区别在于檩木是否悬出山墙，檩木悬出山墙的为悬山顶，檩木没有悬出山墙，而是被封在两端的山墙中，则为硬山顶。悬山顶多出现在南方建筑中，有利于排水；硬山顶多出现在北方建筑中，有利于防风防火。太庙治牲房外紧邻的小金殿是标准的硬山顶建筑。

盝顶是在屋顶顶部用四条正脊围成平顶，下面再接庑殿顶。盝顶的梁结构多用四柱，加上枋子抹角，形成四角或八角形屋面。典型的例子是故宫钦安殿。太庙戟门前左右各有一个井亭，为六角盝顶。"盝"就是盒子的意思。但太庙井亭的盝顶是中空的。因为太庙井亭所取之水是用于祭祀的，需要与天相接，盝顶中空，就是要接天水，非常神圣。

八、脊兽精巧吉祥美

在中国古代官式建筑中，"大屋顶"是吸引眼球的部分。中国屋顶超越西方屋顶的魅力，从视觉上看，首先是色彩，其次是造型。这里我们主要从造型上进行分析。关于中国古代官式建筑极致的典型代表——太庙的审美研究，对脊兽的分析是必不可少的。

脊兽就是在宫殿屋顶垂脊的前端排列的琉璃神兽，属于艺术造型。艺术讲究变化，古代建筑师早已深知这一原理。琉璃神兽们虽然形状各异，但被统称为"脊兽"。它们拥有的秩序空间是在仙人之后、垂兽之前。脊兽排列的次序是龙、凤、狮子、天马、海马、狻猊、押鱼、獬豸、斗牛、行什，这个顺序并不是工匠随意放置的，而是严格依据国家标准来安排的。①这一明清时期最后的规范样式标准，在皇家建筑中得到了普遍应用。

脊兽的等级、大小、奇偶、数目、次序等都有严格规定。故宫太和殿是举行重大典礼的地方，为重檐庑殿顶，有十个脊兽，成双数的建筑只此一例，意为皇帝乃九五至尊，九还要加一。太庙的享殿仅次之，有九个脊兽，因供奉的是先祖帝后，虽脊兽数量比太和殿少一个，但综合太庙建筑所有的因素来看，仍属至高。乾清宫是皇帝理政和居住的地方，地位仅次于太和殿，脊兽为九个。坤宁宫明代是皇后的寝宫，清代作祭神和举行婚礼之用，脊兽为七个。东西六宫是后妃居住的地方，脊兽为五个。

总之，太庙殿堂屋顶上的神兽们融合了深厚的文化内涵，为古建筑增添了许多美感，成为最具象征意义、最具审美价值的中华艺术元素，具有永久的魅力。

---

① 出自《大清会典》。

九、结构做法有限制

在中国古代，结构形式和构造做法也被纳入建筑等级的限定。在宋代《营造法式》中，建筑等级的限定主要表现在殿堂结构与厅堂结构的区分，即殿堂、厅堂、余屋三类。[①]殿堂等级最高，厅堂、余屋等级依次降低。它们在规模大小、质量高低和结构形式上都有区别。在清代工部《工程做法则例》中，建筑等级的限定主要表现在大式做法和小式做法的区别，先把这两种做法作为建筑等级差别的宏观标志，然后在大式做法中再细分等次。这两种做法不仅在间架、屋顶上有明确限定，而且在出廊形制、斗拱有无以及规格和具体构造上也有一系列区别，等级的限定深深地渗透到技术性的细枝末节里。

此外，建筑等级的限定还表现在台基的级数和高度上。一般来说，级数多的高于级数少的，设有围栏的高于无围栏的，汉白玉做的台基高于其他材料做的台基。

最高级台基：用于皇宫中的最高级建筑和一些寺庙最高级殿堂，级数较多，用料较好，多用各类玉石，以汉白玉为主。古代官式建筑大殿须弥座的等级表现在层级数量上，太庙享殿、故宫太和殿、天坛祈年殿以及明十三陵长陵祾恩殿都是三层，均为最高级别官式建筑。

较高级台基：用于宫殿建筑两庑的次要建筑，有围挡结构，用料汉白玉。

一般台基：《大清会典》中记载，"凡第宅，公侯以下至三品官，基高二尺；四品以下高一尺"。而一般皇家建筑的台基可有五尺之高。

---

① 陈薇著，《当代中国建筑史家十书：陈薇建筑史论选集》，辽宁美术出版社，2015 年版。

十、装饰色彩贵古朴

等级制度对建筑物的内外檐装饰、屋顶瓦兽、梁枋彩绘、庭院摆设、室内陈设都有严格的限定，甚至对门上的零件——门环，也硬性规定了铜环、锡环、铁环三级，要求按等级使用。《大清会典》中记载，"宫殿门庑皆崇基，上覆黄琉璃，门设金钉"，坛庙圆丘，"外内垣门四……皆朱扉金钉，纵横各九"。皇宫城门的钉子不仅在数量上（八十一个），而且在用料、颜色上都有严格的要求。

等级制度对建筑物的装饰色彩也有严格的限定。古代建筑的用色是有着严格的使用规定的，一般排列为黄（金）、赤（红）、青、黑、灰。《营造法式》中记载："楹，天子丹，诸侯黝（黑），大夫苍，士黈（黄）。"

根据五行学说，赤色象征喜富，故宫的宫墙、檐墙、门窗、柱一律用红色。帝王至尊有专属明黄色，其下依次为赤、青、黑、灰。宫殿用金、黄、赤色调的屋顶和墙面，而民居却只能用黑、灰、白色调的屋顶及墙面。

彩绘中也以颜色作为主要的区分手段。因为五行之中黄色是中央方位，象征着至高无上的地位，所以黄色是皇帝专用的色彩。其次是红色，最后是黑色。

太庙建筑全部使用金、黄、赤，太庙享殿天花上方有大面积的浑金彩画，琉璃瓦全部为金黄色，墙壁和门窗全部使用红色，是为最高等级，形成红墙黄瓦、古朴庄重的整体效果。

第三节　太庙建筑的艺术魅力

北京的古代建筑与中国古代建筑一脉相承，但集其精华之大成，因而又更具壮丽辉煌、样式纷呈的特点。它们或庄重，或有趣，或和谐，或变化，总之是一种雅俗共赏的美。这一点也充分地体现在太庙的建筑当中。

建筑是无声的音乐。从艺术角度看，太庙建筑群完美地突出了礼与私的功能，整体环境彰显崇高、庄严、肃穆的氛围。从建筑样式上看，太庙布局属于官式建筑，给人的直观感受就是规整的宫殿造型。但与一般宫殿建筑不同的是，太庙具有祭祀先皇的文化特殊性，在建筑艺术上经过特殊的安排以后，形成了一种建筑与礼乐完美融合的独特韵味。例如，太庙享殿和前面的广场形成了严格的中轴对称形式。雄伟大殿前的广场方方正正，恰好能容纳参与祭祀的王公大臣以及音乐和舞蹈人员，以备祭祀典礼之用。

再如罕见的三层须弥座、高贵的黄色琉璃瓦，三座大殿相类而有别。享殿重檐庑殿顶，面阔十一间，寝殿和祧庙单檐庑殿顶，面阔九间，有序排列，前后呼应。但也有打破平衡的变化，如广场东西两个燎炉，基本对称，但又有个性特点。这种变化用两点来表现：一是材料颜色，东燎炉为黄色琉璃瓦，西燎炉为素坯琉璃，不挂釉没颜色；二是所处位置，东燎炉位置距离中轴线较近，西燎炉距离中轴线较远。这两点是为了区分东配殿王爷与西配殿大臣的等级差别。从审美上看，颜色和位置的变化，似乎不经意地打破了均衡，使过于均衡、近乎呆板的布局产生了变化，但又变化得巧妙，使人们在不知不觉的情况下体验了变化，成为太庙艺术审美的点睛之笔。太庙中类似这样的巧妙之处还有很多，需要您到现场来亲自体验和玩味。

太庙有三重红墙，从核心区出来，进入外区，周围遍种古柏。古柏郁郁葱葱，高大的殿堂时而掩映在碧绿的柏林之中。建筑的整体色调简朴，红墙黄瓦。在享殿内，大柱皆为珍贵的金丝楠木，天花是淡雅优美的荷花，中区殿顶是罕见的浑金彩画。这些细节都强化了太庙祭祀吉礼庄严肃穆的气氛，是极为成功的建筑装饰设计。

太庙的建筑和装饰以其炉火纯青的艺术手法，使它的建筑设计登峰造极，具有震撼心灵的艺术感染力，具有赏心悦目的空间艺术形态，因而具有极高的艺术魅力。那么，太庙独特的美到底表现在哪里？答案是表现在内涵上的礼制之崇高、形式上的装饰之经典。

一、太庙审美大概括

（一）传统文化的结晶和载体

中国传统文化以儒家思想为核心，体现天人合一、敬天法祖的自然观和道德观。以礼乐制度为核心的社会管理、师法自然的艺术理念、炉火纯青的工艺技术、大国工匠的非凡智慧和创造力，都能够完美地体现在太庙的飞檐斗拱、雕梁画栋当中。

（二）中华风格与西方迥异

在建筑风格上，西方的古希腊、古罗马建筑，其特点主要是力求体现崇高，在形式上力求配置匀称、均衡，采用几何造型。这就从形式上显得简单呆板，甚至僵硬。而身为中华古代园林建筑翘楚的太庙，浓缩着典型浓郁的东方风格——采用中轴对称和"因天时，就地利"的灵活布局。

在建筑材料上，西方古代建筑主要使用石材，太庙则以木材、砖瓦为主，辅以石材。

在建筑园林审美上，西方园林是雕刻性而非绘画性的，强迫大自然符合人工法则雕刻成的几何形立体图案，平直的大道点缀着雕塑、喷泉，整齐有序，突出逻辑性，一览无余。中国园林则含蓄抒情，富于绘画美和韵律美，其妙在曲，欲露先藏；布局参差，虚实相生，园中有园，引景借景，变化无穷。更重要的是，中国园林中蕴含着礼乐、家国和人文情怀，以及天人合一的自然观。这是中国传统建筑追求的最高艺术境界。

（三）园林意境之坛庙园林

太庙建筑被称作"坛庙园林"，其审美要置于中国古代园林的意境之中进行感受。当帝制远去、太庙成为普通百姓的活动场所时，管理部门进一步遵循"师法自然"的观念，又增加了一些园林的建筑设施与花木种植。这些新增景观与自然环境和谐共生，讲究稳定中的变化，错落有致，移步换景，假山、亭台以及水池等各种新的元素巧妙融合，形成深远的艺术意境。

（四）独特的理论体系

想要了解太庙建筑的特点，需要关注其独特的理论体系。中国古代把城市和建筑纳入礼乐文化的范畴，大型宫殿的建筑历史至少有五千年。秦汉时期，我国先民已经可以成熟地建造超大型宫廷建筑，如秦代的阿房宫，汉代的未央宫、建章宫等。这些建筑正是得到了中国特色建筑理论的支撑，才得以发展和传承的。中国古代建筑在宋代进入成熟阶段，在理论上进行了总结。宋代喻皓的《木经》是一部关于房屋建筑方法的理论著作，是中国历史上一部重要的木结构建筑手册。宋代李诫的《营造法式》是北宋官方颁布的一部建筑设计、施工的规范书，是代表我国古代建设科学与艺术巅峰状态的典籍。《营造法式》全书三十四卷、三百五十七篇，三千五百五十五条，记载着建筑的制度、做法、用工、图样等珍贵资料，是当时建筑设计与施工经验的集合与总结。《营造法式》是我国古代保存最完整的建筑技术书籍，对后世产生了重大影响。《园冶》为明末造园家计成所著，是中国第一本园林艺术理论专著，提出了"园冶九境"的理论，为后世的园林建造提供了理论框架以及可供模仿的范本。清代工部《工程做法则例》是清雍正十二年（1734）颁布的，共计七十四卷。建筑学家梁思成将《营造法式》和《工程做法则例》两部建筑典籍称为"中国建筑的两部文法课本"。众所周知，北京是明清两代的国都。因此，包括太庙在内的北京宫殿和园林等建筑，都是在遵循以这两部辉煌之作为代表的中国古代建筑理论的基础上创造的建筑典范，对研究中国建筑理念和精神有着深远的意义。

（五）匠人列入礼乐制度

中国古代把工匠列入礼乐制度的范畴。《周礼·考工记》中对"百工"制定了详细的规制，主要的大工匠均为朝廷的高级官员，这决定了中国的工匠不仅是一种技术人员，而且是和国家、民族的命运紧密相关的。中国古代把经过人加工创造的自然物称为"器"。物、礼、器和匠人相互作用，演绎出壮阔的营造历史，创造了无数辉煌璀璨的建筑，铸就了中国独特的工匠和工匠精神。不论是春秋战国时期创造了"鬼斧神工"的梓庆，还是"百匠之祖"鲁班；不论是宋代的喻皓，还是李诫；不论是明代的计成，还是蒯祥；不论是明末清初的梁九，还是清代的样式雷，都是中国古代工匠的杰出代表，想要了解太庙中"器"与"人"的关系，也要深入了解中国的工匠和工匠精神。

（六）感悟工匠精神

通过欣赏太庙中的古建筑，我们可以深入领悟太庙中蕴含的古建筑装饰艺术，知晓北京的建城历史轨迹，从中国古代建筑的辉煌成就中感悟工匠精神，从而吸取文化自信的力量，更加热爱优秀的传统文化，为中华文化复兴而努力。因此，这种对太庙古代建筑园林艺术的审美鉴赏，对于弘扬工匠精神、提高文化自信、促进中华民族伟大文化复兴具有极为重要的价值。

太庙建筑重视装饰性，形成了造型简洁、色彩沉稳的艺术效果。这一点，以前的太庙研究者很少关注。本书尝试从工匠精神的角度对太庙及其装饰进行详细的介绍，抛砖引玉，以期能够提升读者对太庙的审美认知。下面，对太庙装饰的类别和手法以及一些细节进行简单的介绍。

二、审美细节更注重

欣赏太庙之美要从细节入手。太庙建筑主要是由砖瓦、木构、石基和彩画等基本要素构成的，传统文化的各种元素贯穿渗透到没有生命的各种载体当中，形成了富有生命力且无比壮美的建筑艺术装饰，成为古代建筑的冠冕和衣服，可以雄伟壮丽，亦可以典雅清秀。

（一）瓦

瓦是屋顶的装饰、视觉的高点，是人们最先看到也是最先记住的建筑部位，如同前面所说的哥伦布"黄金大屋顶"的故事一样。

太庙建筑中"瓦"的装饰美主要体现在三个方面：一是屋顶檐脊的优美曲线；二是檐角瑞兽的魅力；三是琉璃构件的精美造型。

屋顶檐脊的优美曲线。太庙屋顶的造型有庑殿顶、歇山顶、悬山顶、硬山顶、盝顶等。由瓦形成的屋脊的轮廓线，即中国式大屋顶美丽的飞檐，以及下面承重的斗拱梁架，在稳固中烘托着灵动的曲线。特别是一个个小小的琉璃钉帽，镶嵌在每一个筒瓦的顶端，在阳光的照耀下，在屋檐上形成跳跃波动的线条，简直美丽极了！

檐角瑞兽的魅力。太庙檐角的瑞兽包括垂兽和仙人。古代的宫殿多为木质结构，易燃，因此檐角上使用了传说能避火的瑞兽。这些美观、实用、小巧的瑞兽端坐檐角，为庄严的殿堂增添了美感，使原本顺平、显得光秃秃的屋顶和檐角充满了生气，充满了艺术魅力！正如梁思成先生的评价："使本来极无趣笨拙的实际部分，成为整个建筑物美丽的冠冕。"

琉璃构件的精美造型。屋脊的正吻，斜脊的垂兽，屋檐的瓦当、滴水，还有古代仙人骑着飞鹤的琉璃造型，使原本呆板的屋顶成了动物的乐园。这些精美的琉璃构件，集纷繁的造型、深刻的寓意、吉祥禳灾的功能于一身，在蓝天白云下，在明黄、绿、紫等瓦的色彩的衬托下，显得壮观、生动又美丽。

太庙建筑屋顶的特点，体现了东西方建筑风格的一个巨大差异。在欧洲古代的建筑中，屋顶的不美观是令建筑师十分头痛而又无可奈何的事情，但太庙古建筑光滑亮泽的屋顶和翘起的飞檐脊兽都非常壮观和美丽，不论是近看，还是远观，都有变幻莫测的美感，即使是在很远的地方观看，也会给人留下极为深刻的印象，使人产生一种久久不忘的震撼之感和必欲前往的持续性冲动！

（二）木

太庙古建筑的结构，称为"大木梁架"，是整个建筑的主体，是屋顶的支撑。大木作装饰是对结构构件本身进行适当的艺术加工，并使其与结构的力学性质相适应。

"木"的装饰主要体现在两个方面：一是梁架斗拱；二是梁架斗拱的艺术造型。

梁架斗拱。梁架斗拱不仅号称"墙倒屋不塌"，起到支撑作用，而且具有造型之美。梁架按照大小粗细组合延伸，形成许许多多的形态，或雄伟，或玲珑……

梁架斗拱的艺术造型。例如：柱，有称为"梭柱"的做法，柱身有轻度柔和的卷杀，上段收杀稍甚，增加柱的稳定感。再如梁，选用木料，利用其天然曲度向上拱起，以减少挠度，着意加工为曲线优美的弧形梁，称为"虹梁"或"月梁"，装饰简洁轻快，有弹性而没有沉重压抑的感觉。柱、梁、拱的卷杀，既增添了材料的弹性和韧度，其虹梁、飞檐的造型又给人以轻扬的快感。这使雄伟的大殿如同振翅欲飞的雄鹰，充满了生命的张力。梁架的艺术化处理，使木材化平凡为神奇，将笨重的材料变为生动的艺术品。

斗拱在完成支撑重任的同时，其艺术造型千变万化，本身像花一样美丽，如拱端有菊花头、三岔头、三幅云等形状。同时，斗拱的支撑，是屋顶檐角向外延伸并形成飞檐的必要条件。

（三）砖

砖雕是我国独特的建筑雕刻和装饰艺术。在太庙建筑当中，砖有两种：一是墙砖；二是地砖，主要起支撑作用。太庙金砖是一大特色。

金砖是一种经过特殊工艺制作出来的砖，由于价格昂贵，即使是最为豪华的紫禁城内，所用的地方也非常少，主要用于三大殿满铺地面。而太庙几重大殿以及配殿，都使用了不同型号的金砖。

太庙砖雕较少，主要体现在现存大殿西侧的燎炉上。砖雕主要用于装饰燎炉的外部构件，如门、窗、墙和屋顶等。

（四）石

在太庙当中，石是直接利用的自然材料，其用途：一是地基，起到承载和支撑的关键作用，不仅坚硬耐磨，而且隔水防潮；二是石雕装饰，在坚硬耐磨、隔水防潮的基础之上，通过石雕艺术起到对建筑的装饰作用。石雕雕刻的题材、方法如同木雕、砖雕一样，包罗中国传统文化中的吉祥元素，在对美的展示中祈福禳灾、施行德育教化。

石雕在太庙中的应用十分广泛，如须弥座、丹陛、柱础、栏板等，多种石雕相互衬托，装饰艺术浑然一体。特别是太庙须弥座角上的螭龙龙头，雕工精美，形象生动，似无重压，给人以一飞冲天之感。

石雕与木雕、砖雕一起，成为太庙的主要雕刻艺术。

（五）彩画

彩画是绘制于室内外墙壁、檩、梁、额枋、柱头、斗拱及天花板、藻井等部位的彩色图案，是对建筑构件进行艺术加工而形成的建筑装饰。彩画兼有实用功能和美饰功能，其实用性是保护木构件及个别砖石部位不受风雨侵蚀。

在太庙当中，彩画基本上是明代风格。明代是建筑和彩绘的繁荣时代，制作手法已经完善：衬底衬色技术、罩染技术、堆粉贴金技术、调色技术、叠晕技术等都已经完善。明代主要彩画品种有云龙彩画和龙草彩画，旋子彩画技艺也达到了前所未有的高度。太庙明代木构彩画以梁、檩、额枋等柱头以上部分为重点，斗拱上的彩饰只以单色平涂或单色退晕为主，与宋代相比，显出朴素的风格。太庙旋子彩画很少用红色，给人以古朴、高雅、沉静之感。

综上所述，在瓦、木、砖、石、彩画等太庙主要的装饰艺术中，技术与艺术、实用与审美达到和谐统一，这就是太庙古代建筑审美的内在旨趣。

第九章
太庙划时代的历史转折

第一节　太庙与封建王朝告别

由努尔哈赤、皇太极等具有文治武功的皇帝开创的大清王朝到了末期，已经在西方列强的侵略和不可救药的内部矛盾消耗下，沦为半殖民地半封建社会，康乾盛世的风光早已不再，江河日下，风雨飘摇。末代皇帝溥仪三岁登基，宣统三年（1911）辛亥革命爆发。中华民国元年（1912）溥仪被迫退位，在位仅三年。

中国从秦始皇开始，帝制历经两千多年，溥仪不仅是清朝的末代皇帝，也是中国的最后一位皇帝。从皇帝的角度说，溥仪没有庙号及谥号，只有年号"宣统"。他是清朝皇帝当中唯一没有，也不可能确立神主并进入太庙接受供奉的皇帝，是一个人生经历颇为奇特的皇帝。按理说，溥仪退位时还是个孩子，应当和太庙祭祖的联系不多。但事实上，根据国民政府与清朝皇室签订的《清室优待条件》，溥仪及皇室成员仍暂时居住在紫禁城，溥仪对外虽不能发号施令，但在宫内仍然保持"皇帝尊号"，而在紫禁城内部，封建时代的一些旧制陈规丝毫没有改变，其中祭祖就是一项非常重要的内容。当时的溥仪仍然把持着太庙，照常到太庙祭祖，其祭祀次数不仅没有减少，反而因为丢了江山、愧对祖先而更加频繁，以乞求祖先保佑复辟。当然，这只能是一枕黄粱而已。溥仪祭祖的次数不少，但规模和程序简陋多了。一直到1924年10月冯玉祥发动"北京政变"，溥仪才于11月5日被迫出宫，彻底断绝了和太庙的关系。

关于溥仪逊位后继续祭祖的情况，史料记载不多。1919年，清皇室后裔溥佳来到紫禁城，在毓庆宫给溥仪伴读，一直到1924年。在长达五年的时间里，溥佳亲身经历了逊位皇帝溥仪祭祖的仪式，他在《记清宫的庆典、祭祀和敬神》一文中有如下真实的回忆：

宫内的祭祀很多，但最隆重的要算祭祀祖先，即历代的列祖列宗们，每逢春秋大祭和帝后诞辰，溥仪都要率领王公大臣到太庙、奉先殿和寿皇殿去行礼；溥仪不能亲行时，就指派王公大臣等轮流去行礼，这叫作"恭代"。我也去"恭代"过好几回，头一回是到奉先殿，因我不懂这种礼仪，我父亲事先教给我。祭祀时都用满语，因我没有学过，我父亲就临时教给我两个单字：一个是"亨其乐"（叩头）；一个是"伊力"（起来）。我记下了这两个单字，就觉得大概可以圆满完成任务了。因为无论什么祭祀，无非是叩头—起来、起来—叩头而已。在祭祀时，内务府的官员把我领到一个个香案前，我也不知道到底供的是哪一位列祖列宗，反正都照例上香叩头就是了。叩完头，我跪在当中，又由内务府官员献牲、酒、玉帛等物，然后又引我到殿外，跪在丹墀上，由一人开始用满文读"祝版"。这时我只能听清什么"太祖高皇帝""圣祖仁皇帝"这样一些尊号（因为这些是用汉语读的），其他就什么也听不清了。好不容易盼到"德宗景皇帝"，这才算读完了。那一次，正是三伏天气，头上有太阳晒着，下边又跪在地上，等他读完以后，我已经头晕目眩，汗流如雨，两腿麻木了。后来我才懂得，要是预先对那个读"祝版"的说些好话，或是送他点礼物，他就会很快地读完了。①

这段对中国历史上皇家祭祖礼仪的最后记述使我们看到，失去了统治权力的皇室祭祖是勉强支撑，如同儿戏一般，是封建余孽苟延残喘时的回光返照。这使我们深刻地感到：中国绵延数千年的、以宗法制为核心的辉煌的皇家祭祖礼仪，伴随着封建制度的消亡，已经走到了尽头。

第二节　太庙被辟为北京市劳动人民文化宫

1949年10月1日，中华人民共和国在北京成立，中华大地进入了新的纪元。同时，北京这座具有三千多年建城史、八百余年建都史的城市，成为中华人民共和国的首都。在多位领导同志的关心和支持下，1950年初，政务院会议批准太庙改为劳动人民的文化活动场所，由北京市总工会管理，后北京市总工会派出筹备组，进驻太庙开始进行筹备。

1950年4月10日，故宫博物院向北京市总工会正式办理了房产移交手续，原太庙的可移动文物归故宫博物院保管。筹备组进行了紧张的筹备：整理园容，修缮房屋，修整道路，清除垃圾，拔除蒿草，初

---

① 中国人民政治协商会议全国委员会文史资料研究委员会编，《晚清宫廷生活见闻》，文史资料出版社，1982年版。

步创造出了一个开展群众活动的场所。

4月29日午夜，"北京市劳动人民文化宫"的横匾在南门上方被悬挂了起来。4月30日上午，北京市劳动人民文化宫举行了揭幕式。作家赵树理以通俗的笔触写的"古来数谁大？皇帝老祖宗。如今数谁大？工农众弟兄。世道一变化，根本不相同。还是这所庙，换了主人翁"，真实地记载了这一翻天覆地的变化。

次日，即新中国成立后的第一个五一国际劳动节，北京市劳动人民文化宫正式向社会开放，当日接待各界群众一万多人，举行了各种丰富多彩的文体活动。从此，这座古老的封建时代的太庙，焕发了青春和活力，翻开了历史崭新的一页，变为劳动人民的学校和乐园。

北京市劳动人民文化宫成立不久，工人们在这座庞大的古建筑里建立了劳动剧场和图书馆、灯光球场等。堆积在太庙三座大殿中的三十来万册图书也被清理了出来，代之以宽敞的展厅、文艺活动室；东西配殿原来用于配祀有功皇族、异姓功臣的神位，文化宫则将其开辟为展览厅和游艺厅，供人们看展览、下棋、打乒乓球。

可容纳四千观众的劳动剧场，是当时北京最大的露天剧场，但凡稍有名气的演员，当时都曾经在这里公演、义演过。剧场刚建成不久，文化宫招待全市的劳模到劳动剧场看戏，演员是名角儿梅兰芳。不仅有梅兰芳等四大名旦，文化宫还开设了学习班，请各界顶尖的学者、专家来授课。那时候，老舍在文化宫讲文学创作，田汉在文化宫讲戏剧创作，马可在文化宫讲作曲，吴组缃在文化宫讲《红楼梦》，华君武在文化宫讲漫画创作，焦菊隐在文化宫讲导演，李德伦在文化宫讲交响乐。据不完全统计，自1950年5月对外开放到当年底，文化宫八个月先后接待各界工农兵群众达一百五十九万人次；1951年全年，接待群众达五百三十八万人次。

如今，太庙这个旧时的皇家禁地，经过七十多年的发展，成为劳动人民的"学校和乐园""全国示范工人文化宫"，其各种丰富多彩的活动常年吸引着众多的观众和游客；艺术培训和职业教育培养造就了大批各类人才；各种艺术团队的演出久负盛名，受到群众的欢迎。文化宫还是国家举行重大文化活动的场所，经常举办各种大型的文化活动和文艺演出。太庙享殿内现陈列着世界上最大的双音舞台演出编钟——中华和钟。文化宫作为北京市一级公园、历史文化名园和天安门地区的重要旅游景点、传统文化与现代文化的交汇地，给中外游客留下了美好的记忆。

第三节　文化复兴赋予太庙新的使命

世界性的历史和传统的回归，使人们重新审视历史文物在新时代的作用和价值。太庙作为皇城的一部分，其中所蕴含的传统文化价值引起了政府和民间人士的高度重视。太庙这个全国重点文物保护单位和中华传统文化的重要遗址，终于有了专职的文物研究人员。他们做了大量的基础性研究工作。

这些看似极为普通的工作，对于太庙来说却绝非易事，其意义在于开启了太庙文化研究的大门。为何太庙的研究工作有很大的难度呢？原因主要有以下五点：

第一，太庙文化作为中国传统文化的重要组成部分，在近代历史上，受到西方中心论、国内文化虚无论的无情贬低和遗弃。

第二，现代历史上太庙及其文化的身份是封建迷信，因属于糟粕而被否定和遗弃。

第三，在推翻"三座大山"的历史大趋势下，人们难以客观正确地认知中国传统文化，难以区分精华和糟粕。

第四，世界范围内对传统文化高度重视的大趋势还未到来。

第五，从单位性质和隶属关系上看，文化宫是职工文化活动场所，虽然很好地履行了《中华人民共和国文物保护法》赋予的保护职能，但是没有文物研究职能。

因此，历经六百多年风雨的太庙古建筑和其蕴含的深厚的文化遗产，被雪藏着，等待机会。

当太庙文化从历史舞台上销声匿迹多年，我们企图追寻太庙曾经的文化内涵和宏大场景的时候，却发现已经是那么困难。时代的飞速变迁，让人们对太庙文化的历史从模糊到彻底遗忘。

第四节　太庙文博研究成果

太庙对于古都北京和紫禁城的意义是极为独特的，太庙研究道路是艰辛和曲折的。因为，太庙虽然是国家级重点文物保护单位，但其原本的文化内涵完全被现代文化取代。即使是在古代，太庙的唯一性、崇高性，也几乎隐没在红墙黄瓦、鳞次栉比的宫殿群中，只有皇帝和少数宗亲、朝廷重臣能够在祭祀时的庄严仪式、典雅乐舞、缭绕烟火中领略它的崇高和肃穆。中国最后一个王朝的末代皇帝逊位以后，太庙几乎隐没在高大的红墙和寂静的古树、荒草当中，曾经的盛大和庄严如烟云般消散。中华人民共和国成立后，雄伟的建筑换了主人，祭祖的殿堂变成劳动人民文化活动的场所，新时代的文化让祭祖礼乐的踪影彻底消失。

改革开放后，国家高度重视传统文化，启动了太庙研究。但当时太庙研究的道路并不平坦：其一，祭祀是封建迷信的包袱依然很沉重；其二，研究资料匮乏；其三，研究难度很大。但研究者锲而不舍，持之以恒，终于走出一条路。

1999年6月，太庙历史上第一个研究文稿——《太庙文物说明牌》由笔者完成。当年10月制成铝合金说明牌三十四块，立于全园相应位置，成为太庙作为全国重点文物保护单位必不可少的重要的历史文化辅助景观，为普及太庙文化知识发挥了重要作用。

2000年，《太庙和中华和钟解说词》由笔者完成，实现了古代文物太庙和现代文物中华和钟的文化契合，为普及中华传统文化、开发太庙旅游产业发挥了重要作用。

2001年，首次"太庙祭祖文化展"布展完成。该展览图文并茂地展示了太庙文化的起源和发展、太庙建筑的历史演变、太庙的礼仪规制等重要内容，为普及太庙文化知识发挥了重要作用。

笔者对太庙文化、文物的研究得到了太庙文化顾问罗哲文先生的关心与支持。罗哲文先生是梁思成先生的学生、国家文物局古建筑专家组组长，多年来为太庙的保护和利用付出了许许多多的心血。他将毕生精力奉献给了中国的文物保护事业，即使耄耋之年还常年在外调研考察，关注万里长城、大运河，提出申遗的建议……但是，罗哲文先生最后一个关注点就是太庙。笔者因致力于太庙研究，经常向罗先生请教各种问题，便与先生渐渐形成了师生之谊。

2005年5月，笔者第一本全面系统研究太庙祭祖文化的专著《太庙探幽》，由文物出版社出版。全书十二万多字，配有大量图片，为太庙的宣传提供了准确翔实的历史文化资料，为太庙的深入研究奠定了理论框架。这本小书虽然是稚嫩的，但它是系统研究太庙的第一本书，为以后的太庙研究建立了框架，为笔者以后的太庙研究打下了基础。同时，这本书对中华传统文化的传承和弘扬、对太庙文物的重视和保护、对太庙旅游的开发，发挥了积极的作用。

当《太庙探幽》奉至罗哲文先生面前时，先生非常高兴，他说："你是做学问的，要好好研究太庙。"说这话时，先生眼里充满了期望。笔者决心不辜负罗先生的期望，把研究太庙作为毕生的事业，生命不息，研究不止。在罗哲文先生的激励下，在研究太庙祭祀的基础上，笔者认识到了祖先崇拜和礼乐文化的重要性，太庙的研究工作进入了一个更加广阔和深邃的历史空间。

2007年，《太庙文物说明牌》修订完成。在市政府的资金支持下，文化宫将其制成新的说明牌摆放在全园，在北京2008年夏季奥运会期间和之后起到了很好的文物普及作用。

2008年，《太庙旅游解说词》写作完成。经过大量的资料收集和研究，学习天坛、故宫、颐和园经验，历经四次修改才完成的《太庙旅游解说词》，既能全面反映太庙的旅游景观和文化内涵，又便于背诵讲解。它在内容上考虑到旅游者的心理，力求新颖和有趣；在写法上认真考察行进线路，确定讲解位置，形成完善的旅游线路和方案。这是太庙的第一个解说词，对今后太庙文物的研究和合理利用具有重要且长远的意义。

2010年春节，笔者编写的《太庙文化展板》，作为"北京坛庙文化展"的重要组成部分，首次陈列在天坛公园。当年春节期间，《太庙文化展板》迎来了二十四万名观赏者，并被永久保留，为长期普及太庙文化知识发挥着重要作用。

2010年9月，经北京市职称评审委员会评审通过，笔者成为北京市劳动人民文化宫，同时也是国家重点文物保护单位的明清太庙的首位文博系列高级职称人员。这标志着太庙研究在学术界打下了基础。

2011年1月28日，由中央电视台拍摄的介绍太庙的首部电视专题片《探秘皇家祖庙——太庙故事》（时长约三十八分钟），在CCTV-10频道《探索·发现》栏目首播。本片历时三年完成，由文化宫文博副研究馆员担任顾问，全程参与脚本撰写并指导拍摄，同时担任太庙文化的讲述人之一。

早在2005年，笔者曾发表过一篇《太庙归宿之我见》的文章。2010年，笔者正式向罗哲文先生提出将太庙改建为祭祀中华民族共同祖先的国家重大礼仪场所的建议。罗哲文先生说："太庙和社稷坛第一步先回归故宫，你随着太庙一起回故宫，然后逐步实现。"罗先生随之请中国紫禁城学会起草"左祖右社"回归的文件，使太庙尽快进入回归程序。但不幸的是，罗先生于2012年5月14日辞世，太庙回归的工作也就暂停了。

笔者带着对罗哲文先生的莫大哀悼之情，牢记先生的要求和勉励，坚持不懈地进行太庙研究，一直没有中断，为礼乐文化的重建鼓与呼。在后来持续的努力中，笔者的研究得到了进一步提升和扩展。提升即把祭祖提升到礼乐文化层面来研究，扩展即从对太庙本身的研究扩展到对太庙、宗庙起源和发展的研究。

2015年，笔者的非遗礼乐文化专著《中和韶乐》出版。中和韶乐是中国历代宫廷文化的瑰宝，是世界文化的珍品，是人类共同的文化遗产，这在现在已经渐渐达成了共识。本书力图通过中华礼乐发展的纵向坐标、每个朝代雅乐演奏场所的横向坐标，通过正音的教化功能，通过对乐器和史籍的考证，通过对音乐人物、时间的介绍，通过雅乐的非物质文化遗产传承的特性，全面动态地展现雅乐色彩斑斓的形式和深邃崇高的本质。这一切都是为了说明中华宝贵的文化遗产应该得到传承，非物质文化遗产的保护和传承对中华民族而言具有无可替代的意义。对于太庙研究而言，本书抓住了核心、充实了内容、扩展了领域，也为北京中轴线申报世界遗产提供了有力的证据，与党和政府提出的弘扬中华优秀传统文化、实现中华民族伟大复兴的奋斗目标是吻合且一致的。

2017年，中华民族迎来全面恢复传统文化的新时代。笔者在《京华通览·太庙》一书的编写中认真地做了如下工作：一是对以往研究文稿中的差错和不准确的地方进行了严格的校正或重写；二是融入近年新的研究成果；三是选配了与行文相对应的有代表性的图片；四是对太庙文化在新时代文化复兴的价值和传承方式进行了探索。这使本书从学术转向普及，知识性和趣味性相结合，再配上直观的图片，适于广大读者阅读。同时，笔者试图把隔世已久的古老和陌生的文化与当代社会生活联系起来，疏通传承的通道，体现出知行合一的治学精神。

在太庙文化的传播过程中，笔者在国家图书馆、首都图书馆、中国园林大讲堂、太庙国学大讲坛，各区图书馆，以及北京人文研修学院、北京联合大学等学校举办的讲座受到普遍欢迎。这些讲座的题目有"太庙祭祖文化的传承""太庙与中轴线申遗""太庙礼乐文化的现代价值""祖先崇拜与中华文化复兴"等。笔者在首都图书馆开设的"北京皇家礼乐文化"系列讲座，以及最新创意策划的"八音雅乐"系列讲座，受到了极大的欢迎，尤其是"传统敬天尊祖文化"讲座，长达两个小时，现场气氛热烈，网上直播仅搜狐网观看的人数就达到十七万多。

在太庙研究中，中华文化的研究者和传播者找到了新的学术研究目标：以中和韶乐申报国家级非物质文化遗产为起点，整合包括中和韶乐在内的北京古代皇家传统礼乐文化，申报世界非物质文化遗产，将对传统礼乐文化的保护和传承推动到更高层面，实现更高层次的挖掘、保护；创造引领时代的新文化，提高文化软实力，建设中华美好精神家园，熔铸"中国梦"的文化之魂，使传统礼乐文化成为中华民族长治久安的坚实基础。

第五节　新时代对太庙文化的新认知

在人类文明发展史上，传统文化从来都是一种深沉而伟大的力量，它连接着人类文明的过去，规约着人类社会的当下，影响着人类发展的未来。不同的文化传统，使不同地区和国家的发展千差万别，异彩纷呈。五千多年生生不息的中华文明，作为世界上最古老的源远流长的文明之一，深刻地影响着我们的社会生活。不论是在历史上，还是在现实中，不论是在人口众多、繁华熙攘的闹市，还是在地广人稀、自然纯朴的边疆，不论是在华夏大地的任何角落，还是漂洋过海远在天边的异域，只要有中国人的地方，就有中华传统文化的顽强存在。中华民族的文化基因，不仅是中国漫长的古代社会发展前进的动力，而且深深地镌刻在现代中国人的头脑中，成为社会主义核心价值观的思想源泉，也是实现"两个一百年"奋斗目标、实现中华民族伟大复兴的根本力量所在。中华文明之所以能够成为世界上唯一没有中断的文明，原因很多，但祖先崇拜和礼乐文化是重要原因之一，即便在现代社会，它依然是中华民族生生不息的制胜法宝。

我们国家的传统文化中，有好多非物质文化遗产，如剪纸、泥人等。此外，我国的二十四节气、京剧、武术、中医、书法、绘画等文化也都非常灿烂。这些文化都是有源可寻、有本可依的。

小篆的"本"字是一个指事字，一棵树，下面是根，根上点一个点，这就是本。我们说根和本都很重要，根是一大堆，没有根这棵树就不能立起来，就不能长成参天大树。但是，在中国传统文化所有的根中，有一个非常重要的根，就是祖先崇拜和礼乐文化，也是太庙文化当中最重要的部分，今天我们就是要追根溯源。

中华民族有自己的民族特性，如果丧失了这些特性，国家民族就没有了。世界上所有的民族都崇拜自己的祖先，中国却在崇拜祖先方面形成了一套礼乐制度。怎样去崇拜我们的祖先，怎样向祖先表达这种崇拜，怎样通过祖先崇拜团结我们的国人、团结我们的民族，如何使他们更有秩序、更积极向上以形成更伟大的合力，这就是礼乐文化的作用。

这种礼乐文化促使中华民族多年领先于世界。在中国礼乐文化的概念里，人是社会的人，生下来就要受家庭、社会的教育，是社会的成员，必须遵守社会的规则，找到自己的位置，发挥好自己的才能。这并不是简单的一加一，所有人在这种秩序下共同努力，就形成了巨大的社会创造力，推动我们中华民族发展、创造，取得辉煌成就。所以祭祖是极为重要的。

世界文明古国中，中国历史是唯一没有中断的。两河流域早期的楔形文字现在已经没有人认识，而我们的甲骨文很多还能识别。我们的文化一直没有中断，这就是祖先给我们种下的文化种子、制定的文化制度所起到的至关重要的作用。

我们不排斥西方的文化，但是首先应该传承自己的文化，应该尊重我们的祖先，向祖先学习智慧，从祖先的伟大事业和人格中汲取精神力量，保持文化特性，然后自信地、有尊严地融入世界，在现代的基点上实现文化的复兴，创造中华民族新时代的辉煌。

太庙是祖先留给中华儿女的瑰宝，是中华传统文化的重要表达之一。随着中轴线申遗，太庙作为传统文化和现代文化交汇点的特征将会更加凸显。所以，对共同祖先的尊崇，不仅是中华民族的优秀传统，而且是我们国家、民族的核心凝聚力所在。

我们还要对太庙礼仪等具体的东西进行创新改造，以适应现代社会快节奏的生活。比如，我们可以把繁文缛节简化，让节奏加快；运用现代科技，让表演场面更加精彩，但是要保持它的基本元素、基本形态、基本风格、基本精神不变。

通过对传统文化的追根溯源，点燃和拨亮每个中国人心中的灯，就能够促使我们中华民族繁荣昌盛、生生不息。

第十章

太庙文化的传承与未来价值

北京太庙位于天安门东侧，是国家重点文物保护单位，建于明永乐十八年（1420），与紫禁城宫殿同时竣工，是北京城的重要组成部分。

第一节　太庙文化的传承与创新

整个北京的布局，遵循了《周礼·考工记》"面朝后市""左祖右社"的规制，体现了我国三千年前城市规划的思想，北京太庙是其重要组成部分。北京太庙是我国现存唯一保存完整、规模宏大的祭祖建筑群，拥有完整的格局、辉煌的建筑、精美的艺术和良好的生态环境，堪称古建园林之瑰宝。太庙所蕴含的祖先崇拜思想和礼仪是中华五千年传统文化的重要组成部分，是极为珍贵的物质和非物质文化遗产，具有重要的传承价值和意义。

一、太庙集中体现中华民族精神

《礼记·祭统》云："祭者，教之本也已。"《中庸》曰："宗庙之礼，所以祀乎其先也。"祖先祭祀，序昭穆，崇功德，敬老尊贤，追远睦族。崇拜祖先作为中国人非常重要的精神信仰，完全合乎人情、顺乎天理，两千余年来一直是化育中华民族最基本的精神力量之一。作为中国文化的最基本载体，祭祖不仅是国人的精神归宿，更在中国社会发展历程中发挥了不可估量、无可替代的重要作用。对祖先的祭祀，已经成为中国文化不可或缺的一部分，并深深融入了这个民族的血脉之中。

二、太庙集中体现古都地域特征

太庙是中国现存最大的祭祖建筑群，是明代官式建筑经典遗存，是中华传统文化的发源地和凝聚地之一，是首都北京颇具特色的人文景观，当然也是文化传承、文化创新的极为重要的阵地。

（一）太庙是我国现存最大祭祖建筑群

《荀子·礼论》云："故礼，上事天，下事地，尊先祖而隆君师，是礼之三本也。"这更是以儒家文化为代表的中华文明一个极其显著而又殊为重要的特点。"事死如事生"是祖先祭祀的通义，黍稷酒肉更是祭祀必备之物，宗庙祭祀乃礼之大者，殊为重要。但中国明朝以前历代太庙均不存，故北京太庙是我国现存最大的皇家祭祖建筑群。

（二）太庙是明代官式建筑的经典遗存

长期以来，太庙在古建筑中的地位被大大低估甚至被遗忘了。中国文物界有公认的"中国最好的大殿"之说，通常指故宫太和殿、曲阜大成殿、泰山天贶殿，却遗漏了太庙。近年网上流传有"中国最好的五十座古建"，其中仍然没有太庙。

但事实上，故宫中的明代建筑仅有南薰殿、中和殿、保和殿、钦安殿、钟粹宫、神武门、储秀宫等，而太庙主要建筑全部是明代的，太庙享殿是我国现存明代官式建筑中体量最大的。

（三）太庙是中国传统文化的发源地之一

太庙是中国传统文化的发源地之一。从字形上看，庙的繁体字"廟"，形声加会意。左形：太阳从草丛中刚刚露头。右声：下方是舟，[①]近音标声。上面一弯短横，像手遮光瞭望。在太阳刚刚升起的时候，对天十分敬畏的远古祖先们聚集在一起，向上天祈祷，向祖先祈祷，同时商讨和决定部落的大事，这就是最早的天坛、宗庙、朝廷，三者的功能是合一的。后来发明了"大房子"，祭天的天坛先分出去，祭祖和会议仍在一起，这就是庙堂。再后来，王有了专门的"大房子"，庙又分出去，形成了专门祭祖的宗庙和国王理政的朝廷。所以，中国最早的祭天、祭祖等祭祀活动，国王理政的仪式、舞蹈、音乐，后来"至善至美"的礼乐文化，就诞生在这里，并经历了从炎黄到夏商的漫长发展过程才逐步定型。

（四）太庙是首都北京颇具特色的人文景观

太庙不仅在北京是唯一的，在全国也是唯一的。《左传·庄公二十八年》说："凡邑，有宗庙先君之主曰都，无曰邑。"意思是只有统一王朝的首都，才有太庙。明朝以前历朝历代的太庙都毁了，现在沈阳故宫的太庙原是四祖庙，为清朝入主中原后改修，主要用于存放帝后册封的金册、玉册，其规模、内涵、功用都不是真正意义上的太庙，只是象征性的。北京太庙是中国现存唯一的统一王朝祭祖的太庙，也是历史上唯一的两朝皇帝使用过的太庙，所以，太庙是北京颇具特色的人文景观。

---

① 甲骨文中为"月"，小篆时为"舟"，隶书后恢复为"月"。

三、太庙是久远的文化传承之所

宗庙祭祀历来为国之重典，在历代国家祀典之中，均以郊庙二者最为隆重，皆作大祀等级，其程序仪节相应也极尽严格。周朝总结前代的文化积累，经过周公制礼乐，形成世界上最早的国家管理系统之一。成熟的礼乐文化被我国以后的历朝历代传承，并日趋完善，为中华民族文化的凝聚、发展、成长，发挥了无与伦比的巨大推动作用。随着清朝退出历史舞台，这种文化的外化形式从人们的视野中消失了。但是，祖先崇拜和礼乐文化，作为意识形态在民众心中已是根深蒂固，并且顽强地传承着。

太庙祖先崇拜带来的凝聚力，以太庙文化为代表的中华祖先文化，在当代和未来都有着极为重要的意义和价值。因为对共同祖先的崇拜是中华民族的重要凝聚力，是构建和谐社会的基本保障，是台湾回归的根脉所系，是凝聚海外华人的精神图腾。

四、太庙礼乐文化传承的方法

源远流长、根深叶茂的太庙祭祀礼乐文化，是祖先留给我们的宝贵遗产。文化遗产是民族文化传承的血脉，这个血脉不能中断。文化遗产也是弘扬民族精神、创造新文化的基础，这个基础不能削弱。这些遗产是我们和遥远的祖先沟通的唯一渠道，是人类历史留下的物证。传统文化是我们的根，是我们文化发展的源泉。随着历史的发展，寻根之情普遍存在于人类社会中，我们珍惜文化遗产，不只是发思古之幽情，更是熔铸文化之魂、创造新文化的需要。

中华文明绵延数千年没有中断，和以祖先崇拜为中心的礼乐文化的传承有着重要的关系。礼乐文化蕴含着先人的宇宙观和生命观，在五千年的历史长河中，国家无论是兴盛，还是衰微，礼乐文化都潜移默化地影响着每个中国人，形成了中华传统文化的精神根基。"礼"是内容，是核心；"乐"是形式，是特征。"礼"和"乐"结合，形成"礼乐"，其意义已经超出两字的简单相加，形成了中华独特的文化形态，使中华文明发展硕果累累。中华文化复兴、建设美丽家园、保证国泰民安、实现中华民族伟大复兴的"中国梦"、让中华文化走向世界，离不开中华礼乐的传承和创新。

太庙礼乐文化传承的科学方法如下：

第一，保存、守护历史记忆，申报非物质文化遗产，原汁原味地传承。

第二，创新性地提炼祭祖礼乐文化的精华，并将其融入当代人民社会生活。

第三，把中华共同祖先崇拜确立为目标，创新性重建礼乐文化。

传承太庙祭祀礼乐文化，必须用科学的态度，取其精华，去其糟粕，正本清源，不复古，不盲目，要做到"三个切分"。

第一，与封建切分。古代皇帝祭祖的太庙，如今回归全民，应去掉其封建宗法制家天下的内容，保留其中华民族祖先崇拜、礼乐文化的核心，改革创新，使其成为传统文化精髓。

第二，与阴丧切分。在古代国家五礼中，太庙祭祖被列为吉礼。祖先崇拜是人类最崇高的精神活动，严肃、庄重、崇敬，但不悲戚。太庙吉礼和陵墓丧礼的不同：对象不同，太庙祭祀的是列祖列宗的灵位，陵墓祭祀的是逝者的遗体；时间不同，太庙祭祀列祖列宗的时间一样，陵墓祭祀一般是在清明和每位祖先的忌日；情感不同，太庙祭祀庄肃崇敬，陵墓祭祀悲戚怀念。

第三，与迷信切分。古代人认为灵魂不死，这是不科学的。现代人鉴于自然科学的研究，明白是逝者的崇高精神境界能教育人、感染人、激励人。

经过三个切分，我们就摆脱了困惑，使太庙祭祖不再是私家行为，变成全民族祭祀共同祖先，理直气壮地向祖先学习智慧，从祖先伟大的功绩和人格中汲取力量，获得祖先护佑的公共行为。能在传承中创造新文化，为当代和后代谋福祉，太庙也就获得了新生，能为中华文化的永久传承发挥不可替代的作用。

第二节　太庙非物质文化遗产的挽救和申报

一、非物质文化遗产的内涵

《保护非物质文化遗产公约》给"非物质文化遗产"下的定义是"指被各群体、团体、有时为个人视为其文化遗产的各种实践、表演、表现形式、知识和技能及其有关的工具、实物、工艺品和文化场所"。[①]非物质文化遗产及其扎根、生长、发展的人文环境和自然环境，才是其作为遗产的整体价值所在。非物质文化遗产的表现形式包括若干方

---

① 摘自中华人民共和国教育部网站：www.moe.gov.cn/srcsite/A23/jkwzz_other/200310/t20031017_81309.html。

面："口头传说和表述，包括作为非物质文化遗产媒介的语言；表演艺术；社会风俗、礼仪、节庆；有关自然界和宇宙的知识和实践；传统的手工艺技能。"所有的非物质文化遗产形式都是与孕育它的民族、地域生长在一起的，构成文化综合体。并且，这样的文化综合体不可拆解。每一项真正符合标准的非物质文化遗产都不可能以一个物质的符号（比如古琴乐器本身）独立存在，之所以称其为"非物质"，即意味着那些无形的环境，抽象的宇宙观、生命观才更具有价值。

二、太庙礼乐文化的内涵和分类

以上述权威的阐述为标准，太庙祭祀礼乐的内涵和分类如下：

太庙礼乐是中华文化和国家尊严的隆重体现，其祭祀礼乐是自然神崇拜和祖先崇拜的文化体系。这是太庙礼乐文化产生和依托的历史文化环境，蕴含着先人的宇宙观和生命观，是典型的非物质文化形态。太庙礼乐文化的主要内容包括典礼乐舞、典礼环境布置、帝后出行卤簿、典礼程序、典礼器具以及祭器祭品陈列等，无论是其文化体系还是其具体的表演和程序，都包括在"表演艺术；社会风俗、礼仪、节庆；有关自然界和宇宙的知识和实践"的典型范围之内且历史悠久，是民俗的升华和礼仪的典范。这些根植在中华民族源远流长的历史和文化之中的生存形态，只要中华民族存在，只要中华文化延续，就将永远传承。

三、太庙申报非物质文化遗产的外部条件已经具备

随着改革开放步伐的加快，中国和世界迅速接轨，经济、文化、科学、教育得到前所未有的发展，社会生活环境、人们的思想和观念

也发生了巨大的变化。此时，我们要以衡量世界遗产的眼光重新审视太庙，用回归传统的眼光重新评价中华传统文化的价值。可以说，这个创意是时代发展的需求，是北京皇家宫廷坛庙历史发展的必然趋势，是太庙历史发展的必然选择。

继全国人大常委会2004年批准《保护非物质文化遗产公约》后，2005年，国务院办公厅发布了《关于加强我国非物质文化遗产保护工作的意见》和《国家级非物质文化遗产代表作申报评定暂行办法》。《国家级非物质文化遗产代表作申报评定暂行办法》规定，国务院每两年批准并公布国家级非物质文化遗产代表作名录一次。截至2021年底，国务院已经公布了五批国家级非物质文化遗产代表性项目名录。[①]参照这一名录，我们完全有理由认为，太庙祖先文化体系及其表现形式，不仅完全符合国家和世界非物质文化遗产的条件，而且是其中的精华和典范。

四、太庙非物质文化遗产挽救保护的重要意义

太庙祭祖礼乐申报非物质文化遗产的重要意义表现在：文化遗产传承着一个国家和民族的历史文化和价值观念，同时也关乎国家的前途和命运。联合国教科文组织坚持《世界遗产公约》和《保护非物质文化遗产公约》的精神，正是强调文化尊重、人类共享、和平发展的价值观念。联合国教科文组织北京办事处原文化项目专员爱德蒙·木卡拉在其《非物质文化遗产与我们的文化认同感》一文中认为，非物质遗产是人类遗产非常重要的资源，民族语言、民间音乐、舞蹈和民

[①]　摘自中国非物质文化遗产网·中国非物质文化遗产数字博物馆：www.ihchina.cn/project.html#target1。

族服装都能让我们从更深刻的角度了解它们背后的人和这些人的日常生活；通过语言途径传播的口头传统和哲学、价值观、道德尺度及思考方式，构成一个社会的生活基础。[①]非物质文化遗产所涉及的范围非常广泛，每一个人都与它脱不开关系，因为每个人身上都包含着他所在社会的传统。

具体来说，太庙非物质文化遗产挽救保护的重要意义有以下几个方面：

（一）有利于文物的保护和利用

太庙建筑成功申报非物质文化遗产后，一定会得到国家和社会以及国际社会更多的关注，随之而来的源源不断的资金将被全部用于太庙建筑的修缮、内部的装饰、内容的创新、礼仪乐舞的研究、活动的组织等，一定会使太庙得到规模巨大的、崭新意义上的保护。

（二）有利于优秀传统文化延续

在世界上的四大文明古国当中，中华文化是唯一绵延数千年而没有中断的文化，其重要原因之一是中国传统文化当中祖先崇拜的力量，形成了延续中华文化的中心载体。太庙建筑成功申报非物质文化遗产后，必将能够促进中华传统文化的永久延续和发展。

（三）有利于推动新时代文化繁荣

太庙传统祭祖礼乐申报国家和世界非物质文化遗产，一定会弘扬中华优秀传统文化，促进和谐社会的发展，必然会推动社会主义文化的繁荣，提高国家软实力，为中国特色社会主义建设发挥无可替代的作用。

---

① 乔晓光主编，《交流与协作——中国高等院校首届非物质文化遗产教育教学研讨会文集》，西苑出版社，2003 年版。

五、太庙传统礼乐现状及申报非物质文化遗产的紧迫性

（一）北京传统礼乐文化保护和传承现状

宫廷坛庙古建遗存现状：北京宫廷，即紫禁城，得到了完好保存；皇家坛庙建筑群中，堂子无存，先蚕坛尚存遗址，先农坛、太岁坛、月坛等古代建筑部分得以修缮，其余基本保存完好。其中奉先殿、传心殿隶属故宫，天坛和祈谷坛位于天坛公园内，已经被评为世界遗产。太庙和社稷坛已被列入皇城的合并项目，共同申报世界遗产。

传统礼乐文化现状：故宫是皇家宫廷礼乐，如丹陛大乐演奏、大驾卤簿出发的地方，其礼仪、乐谱、服装、仪仗都得到完好保存，并举办有卤簿仪仗专题展览，是文化传承的重要而珍贵的依据。坛庙礼乐挽救和传承一直没有间断，以天坛为首的有关坛庙管理单位为此开展了大量工作，做出了重要贡献。天坛神乐署回归天坛公园，修缮完工并举办了中国古代音乐展览。此外，天坛祭天礼仪、地坛祭地礼仪、孔庙祭孔礼仪等也曾陆续恢复。

（二）北京传统礼乐文化在非物质文化遗产中的地位

北京传统礼乐文化在中华传统文化中的悠久历史和独特性，使其不论是在国内还是在国际非物质文化遗产中，都具有极为重要的地位。

国内地位：截至2021年底，我国的国家级非物质文化遗产代表性项目多达一千五百五十七项，在这众多的项目中，许多小小的技艺均跻身其中，北京宫廷礼乐文化当有一席之地。

国际地位：韩国宫廷宗庙祭祀礼乐早在2001年已经被列入第一批《联合国人类非物质文化遗产代表作名录》，越南雅乐（越南宫廷音乐）

也于2003年获批进入第二批《联合国人类非物质文化遗产代表作名录》。北京宫廷礼乐文化也应该申报世界非物质文化遗产。中国首都北京作为明清两代的国都，正是宫廷礼乐文化这一典型非物质文化遗产扎根、生长、发展的人文环境，完全能体现其作为世界遗产的整体价值所在。

北京太庙传统礼乐文化在国内、国际非物质文化遗产中极为重要的地位与现状，强烈地显示了其申报非物质文化遗产的迫切性。

（三）统一申报的建议

北京传统礼乐文化历史悠久，史料翔实，规模宏大，具有鲜明的中华特色，但一度中断。目前虽仍在传承，但其经典性远逊以往，而且专门研究的专家大多年事已高，时间异常紧迫，必须引起有关部门、单位的高度重视，必须赶快挽救，完成传承。具体建议如下：①依据国家有关法规和政策，尽快投入资金，破除各种因隶属关系不同而形成的阻碍，统筹建立队伍，共同落实措施，赶快进入恢复和传承的正式程序，不让中华民族祖先留下的宝贵文化遗产湮没在历史的长河中；②要在形成统一的挽救传承机制以后，充分发挥统一申报的优势，先国内，后国际；③申报成功后，要做到全面地巩固与传承，实现传统文化的传承与改造，弥合现代文化与传统文化之间的断层，打造融历史与现代于一体的特色文化。

六、太庙传统礼乐文化申报非物质文化遗产的重要意义

中华传统文化是中华民族五千年历史发展的精神根基，而礼乐是中华文化的精髓之一。北京宫廷坛庙，除堂子属于满族民族祭祀场所、采用萨满教的祭祀仪式，雍和宫采用藏传佛教的祭祀形式外，紫

禁城和其他九坛六庙的祭祀,都采用的是以周朝为本源的中原汉族的礼乐形式。这些礼乐形式传承千年,形成了完备的体系、完整的制度,可以说是中国皇家创造并传承的千年文化艺术经典,是颇具中华民族传统文化特色的极其重要的非物质文化遗产。但是由于某些原因,宫廷礼乐文化曾经遭到遗弃。随着世界性的传统回归,随着中国改革开放和与世界文化的接轨,作为中华传统文化经典的宫廷礼乐文化日益得到国人和世界的重视。宫廷礼乐文化作为非物质文化遗产得以复兴,必然会为社会的和谐、国家的长治久安发挥重要作用。

总之,太庙礼乐文化申报非物质文化遗产成功后,瑰丽的皇家宫廷礼乐文化将再现于辉煌的古代建筑之中,成为北京历史文化的独特标志,成为北京颇具特色的文化景观。

第三节　太庙纳入申遗范围的建议

据北京历史文化名城保护委员会办公室、首都文化创新与文化传播工程研究院联合编制的《2021年度北京历史文化名城保护大事记》记载,2021年8月31日,太庙核心区非文物建筑完成拆除。此次拆除涉及内垣和筒子河南岸共十六处,面积六千六百四十二平方米,此前主要用作办公用房、花房、剧场等。

这是太庙辟为北京市劳动人民文化宫以来最大规模、最大力度的环境整治和历史原貌恢复工程。得益于北京中轴线申遗的历史机遇,得益于政府强有力的支持，得益于北京市总工会的正确领导，得益于文化宫全体干部、职工的共同努力，太庙以崭新的面貌出现在历史的新时代。

一、创新性建议的提出

太庙辟为北京市劳动人民文化宫已经七十多年。七十多年来，这里发生了许许多多重大的历史事件，出现过许许多多的历史人物，为国家和首都北京的文化发展做出了巨大而卓越的贡献。

作为中国文化的重要组成部分，北京中轴线所蕴含的都城规划思想不仅体现在元、明、清三代的城市营建和经营之中，也体现在北京现当代的城市规划和城市建设过程中。

根据联合国教科文组织世界遗产委员会的遗产理念和最新的申报原则与办法，太庙作为北京中轴线动态发展的历史见证，应该纳入申遗的范围。本节归纳了联合国教科文组织世界遗产中心和中国世界遗产申报组织的相关观点和论述，作为太庙纳入申遗范围的理论支持。

二、建议的法理依据

用变化与发展的观点来理解太庙的现代及未来价值，契合"世界遗产"的价值表述。2017年版《实施〈世界遗产公约〉操作指南》（以下简称《操作指南》）明确表达了目标愿景：使人们了解到遗产于历史上的作用、对今天的意义、在未来的功能。《操作指南》十分看重遗产的后继特征："对历史上积累的，涉及文化遗产原始及发展变化的特征的信息来源的认识和理解，是评价真实性各方面的必要基础。"原始特征易懂，系遗产原本的标志性；后继特征则是指整个历史过程中被不断添加、赋予，而变得丰富丰满的整体特点。1977年版《操作指南》则说："真实性不局限于原始的形态和结构，也包括了随着时间延续而发生的体现遗产艺术或历史价值的持续的改变和添加。"据此，将文化遗产作为人类文明形态的组成部分，才能真实反映联合国教科文组织、世界遗产大会的意志。《操作指南》视古代之"源"、现当代及未来之"流"的全过程并重——给予同样珍视、统筹、部署，否定了为保护而保护的死板理念，旨在通过抢救、发掘、整理、研究，全面保护遗产的文化生命，通过科学利用、守正创新、多媒介传播，延续并放大遗产价值，更好地服务于文明进步。

所以，确立以北京中轴线为代表的中华文明形态和党的领导下百年所创人类文明新形态的总方向，把握住中轴线申遗的重大机遇，讲述发展变化的古今中轴文化，突出代表中国辉煌的当代中轴文化，是北京作为中华人民共和国首都的历史使命与责任担当。

三、中轴线核心区域现代文化的价值

中华人民共和国成立之后，北京成为新中国的首都。1949年9月30日，中国人民政治协商会议第一届全体会议通过了在首都建立人民英雄纪念碑的决议，以纪念"在人民解放战争和人民革命中牺牲的人民英雄"和在"反对内外敌人，争取民族独立和人民自由幸福，在历次斗争中牺牲的人民英雄"。这是中华人民共和国成立后最为重要的纪念性建筑之一。这一建筑也被选址在天安门广场，选址在中轴线上，体现了共和国时期对于北京中轴线的重视。1958年，在中轴线两侧分别与社稷坛、太庙对应的位置上建设人民大会堂、中国革命博物馆和中国历史博物馆，这是传统规划观念在现代中国的延续。人民大会堂是人民通过人民代表大会制度参政议政的场所，与社稷坛的对位关系，体现了对文化传统的尊重和延续。中国革命博物馆与中国历史博物馆，是对中国近现代革命史和中国历史进行阐释的重要建筑，反映了新中国对历史的继承，而它与太庙的对位关系本身也是这种观念和传统的延续。太庙、文化宫在重大历史变迁中，已经结合成一体七十多年，在传统与现代衔接上具有独特的价值。这种衔接关系已经被中轴线专家所认识，这是太庙的现代价值所在。这种以前从未有过的新认识，是太庙在新时期重新定位的一个理论基石。

20世纪50年代以后，天安门广场成为中国的政治中心，发生了大量影响世界的历史事件，成为整个中轴线所形成的复杂空间序列当中最引人注目和变化最大的区域。1976年毛泽东去世以后，建造毛主席纪念堂同样成为那个时期中国最为重要的建设项目，也被选择建造在中轴线上。

四、北京市劳动人民文化宫的历史贡献

1949年开始，中华人民共和国奋起于废墟，在激情燃烧的岁月里创造新生。1950年4月30日北京市劳动人民文化宫宣告成立，并于5月1日正式开放。七十多年来，北京市劳动人民文化宫成为北京中轴线上最具活力的文化场所之一，成为人民群众的学校和乐园，成为国家的政治文化窗口，其中发生了许多重大历史事件，产生了许多为新中国的文化事业做出杰出贡献的人物，发生了众多具有文化标志性、风尚指向性的事件，创造了大量革命精神谱系中历史性与现实性相统一的内容。太庙古建筑作为全国重点文物，得到了良好的保护。

五、历史回归与现代保护同步

回顾中轴线的历史变迁，20世纪50年代拆除位于中轴线南端的永定门及瓮城、箭楼，以及中轴线上的部分建筑，是传统城市向当代都市转变过程中经历的事件；2005年依据相关测绘资料对永定门城楼进行的原位重建，则反映了北京在历史文化名城保护过程中对中轴线这一重要遗产的整体认识和恢复原有城市历史景观所做的努力。这一事件本身也具有文化意义和重现中轴线景观意象的价值。

2022年5月27日下午，习近平总书记在主持中共中央政治局就深化中华文明探源工程进行第三十九次集体学习时，发表了重要讲话。他强调，我们党历来用历史唯物主义的立场、观点、方法看待中华民族历史，继承和弘扬中华优秀传统文化。经过几代学者接续努力，中华文明探源工程等重大工程的研究成果，实证了我国百万年的人类史、一万年的文化史、五千多年的文明史。中华文明探源工程成绩显著，但仍然任重而道远，必须继续推进、不断深化。[①]

2022年10月16日，习近平总书记在《高举中国特色社会主义伟大旗帜　为全面建设社会主义现代化国家而团结奋斗——在中国共产党第二十次全国代表大会上的报告》中指出，要"推进文化自信自强，铸就社会主义文化新辉煌""增强中华文明传播力影响力。坚守中华文化立场，提炼展示中华文明的精神标识和文化精髓，加快构建中国话语和中国叙事体系，讲好中国故事、传播好中国声音，展现可信、可爱、可敬的中国形象。加强国际传播能力建设，全面提升国际传播效

---

① 　新华社，《习近平主持中共中央政治局第三十九次集体学习并发表重要讲话》：www.gov.cn/xinwen/2022-05/28/content_5692807.htm。

能，形成同我国综合国力和国际地位相匹配的国际话语权。深化文明
交流互鉴，推动中华文化更好走向世界"。①

习近平总书记的讲话为笔者指明了研究方向，激发了笔者研究太
庙新时代价值和影响的动力。笔者认为，从太庙到文化宫这一重大历
史转折，整体上对中轴线申遗、对中轴线优秀传统与现代文化内涵而
言，是科学传承与科学弘扬。随着保护中轴线的历史回归，太庙理应
创新性地回归祖先崇拜功能，在被建成中华祖庙、礼乐文化中心的
同时，还应创办一个"文化宫史迹展览"，让人们永远记住太庙辟为
北京市劳动人民文化宫的七十多年为新中国的文化事业做出的杰出
贡献。

把北京市劳动人民文化宫的现代文化历史纳入申遗内容，摒弃多
说古而少论今、重静态而轻动态、有意无意淡化"后继特征"的片面，
紧扣时代脉搏、反映社会现实、顺应人民要求，既符合北京中轴线文
化历史发展的实际情况，又可以用丰富多彩的现代文化充实中轴线前
进发展的文化内涵，使其获得"世界遗产之树"永葆常青的效果。这
是在百年未见之大变局的新的历史条件下，把中国文明历史研究引向
深入，增强国人历史自觉、坚定民族文化自信的伟大创新与实践。

---

① 新华社，《高举中国特色社会主义伟大旗帜　为全面建设社会主义现代化国家而团结奋
斗——在中国共产党第二十次全国代表大会上的报告（2022 年 10 月 16 日）》：www.gov.cn/
gongbao/content/2022/content_5722378.htm。

最后的寄语

　　中华儿女、龙的传人之根深深地埋藏在我们每个人心中。崇拜祖先，是因为祖先伟大而神圣——于洪荒中艰难开拓，繁育了勤劳伟大的中华民族，创造了数千年而未断的物质文明和精神文明。走出农耕社会，拥抱崭新时代，面向美好未来，血脉在传承。共同的祖先、文化的认同，是根，是魂，是凝聚力；是文化自信之本，是文化复兴之光；是新文化活力的源泉，是融入世界万年永葆的特质；是中华民族生生不息的基因。

　　中华文化，泽被世界。天下大同，崇高理想。

　　礼乐止戈，协和万邦。美好未来，人类共享。

参考资料

[春秋]左丘明:《春秋左传》,郑州:中州古籍出版社,1993年版。

[西汉]司马迁:《史记》,长沙:岳麓书社,1996年版。

[西汉]戴圣:《礼记》,北京:北京燕山出版社,1991年版。

[东汉]许慎:《说文解字》,北京:中华书局,2005年版。

[唐]魏徵:《隋书》,北京:中华书局,1973年版。

[北宋]欧阳修、宋祁:《新唐书》,北京:中华书局,1975年版。

[明]宋濂:《元史》,北京:中华书局,1992年版。

[清]阮元:《十三经注疏》,上海:上海古籍出版社,1997年版。

[清]张廷玉等:《明史》,北京:中华书局,1974年版。

赵尔巽等:《清史稿》,北京:中华书局,1982年版。

卢昌德:《俎豆管弦——中国宫廷祭祀庆典》,昆明:云南人民出版社,1992年版。

李向平:《祖宗的神灵》,南宁:广西人民出版社,1989年版。

李宝臣:《礼不远人——走近明清京师礼制文化》,北京:中华书局,2008年版。

阴法鲁、许树安:《中国古代文化史》,北京:北京大学出版社,1991年版。

戴逸、郑秦:《二十六史大辞典·典章制度卷》,长春:吉林人民出版社,1993年版。

唐嘉弘:《中国古代典章制度大辞典》,郑州:中州古籍出版社,1998年版。

曾胡、王鲁豫:《中华古文化大图典》,北京:北京广播学院出版社,1992年版。

北京市园林局史志办公室:《京华园林丛话》,北京:北京科学技术出版社,1996年版。

曹子西:《北京通史》,北京:中国书店,1994年版。

中国社会科学院考古研究所:《新中国的考古发现和研究》,北京:文物出版社,1984年版。

刘祚臣:《北京的坛庙文化》,北京:北京出版社,1999年版。

董雁:《图说北京皇家文化》,北京:中国旅游出版社,2009年版。

王军:《尧风舜雨:元大都规划思想与古代中国》,北京:生活·读书·新知三联书店,2022年版。

王文章:《非物质文化遗产概论》,北京:文化艺术出版社,2006年版。

楼庆西:《论宫殿与坛庙建筑中的象征手法》,《中国紫禁城学会论文集(第二辑)》,北京:紫禁城出版社,2002年版。

余鸣谦:《古坛庙建筑杂录》,《中国紫禁城学会论文集(第五辑)》,北京:紫禁城出版社,2007年版。

后记

　　暮年居家，大疫起伏。在屋中一隅，深埋于键盘，凝思时随手写的卡片，记录着反复的构思和揣摩。脑海中不断涌现太庙的雄伟庄严，与它有关系的历史人物，如同走马灯般闪现。古籍微言、史书缝隙、考古现场、专家论文，甚至是与古建修缮最老的师傅一起攀上高近三十米的脚手架，抚摸着太庙巨大的匾额，听老师傅讲他的师傅讲给他的故事，还有申遗理论、国家文件……过程庞杂而浩繁。针对这一个颇不寻常的主人公——太庙，研究其在中轴线的地位，真的是一个令人生畏的题目。

　　古语谓："子入太庙每事问。"我这没文化的后生真得比圣人更为虚心地学习太庙这本大书。接到写作这本书的任务时，我不是像孔老夫子那样谦虚，而是心虚，不知如何下笔，辗转反侧，踟蹰徘徊。不满足于把资料编排一下的轻松写法，而是要出新，要与众不同，这就难了。知难而上、后来居上是我给自己设定的目标，即每次讲座、每写一本书我都要超越过去，都要超越自己。感谢首都图书馆、搜狐网、北京联合大学邀请我讲解北京中轴线坛庙申遗，讲座后的问答环节常涉及北京文博规划、世界遗产申报最新标准等，逼着我学习，于是茅塞顿开。

申请世界遗产所要求的"突出普遍价值"、罕见的文化和自然价值、超越国界对全人类的现在和未来均具有普遍重要意义，这几点集中表现在哪里呢？我研究太庙二十多年，立刻找到了它们之间的本质联系。中轴线申遗，根本的资质是农耕国都，加上共和国首都所保留与创造的建筑，以及其中的深厚文化。太庙正是古都的"身份证"，如何向公众展示这个"身份证"的独特地位？要让"文物活起来"，要"讲好中国故事"。

于是"下笔如有神"，我这个积压了几个月的"闷葫芦"，打开了思绪的闸门。但"文似看山不喜平"，思绪的洪水不是倾泻，而是蜿蜒迂回，历史时势造就的英雄，先后登场。就这样，我把司马迁大师《史记》的笔法——特定时期人和事的故事，融进这本文博普及类书籍中，争取使这本原本晦涩难懂、诘屈聱牙的书，能够在"世界阅读日""阅读中国"中，受到普通人的青睐，跳到他们的书包中。

我努力地写这本书，还有一个动力，说来令人唏嘘落泪，这便是为了完成罗哲文先生的遗愿。罗哲文先生是梁思成先生的学生、原国家文物局古建专家组组长，毕生致力于文物保护，年近九十还到处奔波，他关注着全国每一处国家级文物保护建筑，最后一批最关心的就是太庙。我曾经托梁思成先生的另一学生楼庆西先生在清华大学建筑学院查阅档案，探究梁思成先生是否测绘过太庙，结果是没有。但这并没有令我失望。楼庆西先生解释说原因大致有两点：一是太庙在北京，方便，先要保护挽救偏远地区的古建筑；二是远的大都濒危，而太庙保存完好，故把太庙的测绘放在最后。想当初（1949年初），北平城几近陷于战火，毛主席派人到清华大学找梁思成先生画图，标注重要的文物保护古建，梁思成先生所标，一是故宫，二即太庙。作为古建大师，梁思成、罗哲文二位先生最知太庙无比珍贵，并因为上述缘故，把太庙作为终极目标来进行保护。而太庙也颇争气，六百年铮铮铁骨，以明代原构在北京中轴线古建中傲视群雄。我作为太庙研究者，有幸向太庙文物顾问罗哲文先生学习，经久有师生之谊。我的太庙保护工作、太庙归宿的完整创意策划案得到了罗哲文先生的高度重视、赞赏和鼎力支持。我们本计划着手太庙回归的工作，未料罗哲文先生于2012年溘然长逝，我也于2013年退休。此事搁浅，万念俱灰、哀痛之余，我深知罗哲文先生生前最惦记的就是太庙。所以，我决心完成罗哲文先生的遗志。虽然我的学识微不足道，但我必须遵循罗哲文先生的教导，好好研究太庙。感谢北京出版社给了我这个机会，我一定要写好这本书。经过反复思考，否定了几个框架后，我决定依托皇城中轴线、古建和人物的交错，形成讲述线索，运用丰富多彩的史料，以"OUV"为标准，运用不同领域相关知识，反过来烘托太庙在中轴线申遗中的地位。

目标确定，方案确定，方法确定，接下来就是辛勤艰苦的劳动。好在以前的研究经历已经使我养成了坐冷板凳的习惯，多年的资料积累也使我不愁素材。但是毕竟年近古稀，精力有限，只好"拼了"。夜以继日，终于写完初稿，可以上报。然后完成辅助事项，等待严苛编辑的询问及修改，还有不少不踏实的日子。

但是，为了这本有诸多独特价值的小书能够顺利面世，一切磋磨都是值得的。但愿读者赏光，但愿罗哲文先生满意。我也不会就此停歇，还有新的任务，而且很多很多。学习就是快乐，生命不息，学习不止，只要我的大脑还能动、手还能写，我就会让多年真心帮助我的老师们有新的希望，也会让读过我的书的朋友们有新的期待。

贾福林

北京市劳动人民文化宫原研究室主任
2023年9月28日改于北京心远斋

图书在版编目（CIP）数据

太庙与中轴线古建文化经典：北京太庙中轴线重要
地位研究 / 贾福林编著．— 北京：北京出版社，
2024.1
　　ISBN 978-7-200-17616-2

Ⅰ．①太… Ⅱ．①贾… Ⅲ．①寺庙—宗教建筑—建筑
艺术—北京 Ⅳ．① TU-885

中国版本图书馆 CIP 数据核字（2022）第 232783 号

策　　划：刘　可　杨晓瑞　　项目负责：刘　可　杨晓瑞　　责任编辑：杨晓瑞　宋俊美　　责任印制：燕雨萌
内文排版：品欣工作室　　封面设计：品欣工作室　　营　　销：猫　娘

太庙与中轴线古建文化经典 北京太庙中轴线重要地位研究
TAIMIAO YU ZHONGZHOUXIAN GU-JIAN WENHUA JINGDIAN
贾福林　编著

出　版　北京出版集团
　　　　北 京 出 版 社
地　址　北京北三环中路 6 号
邮　编　100120
网　址　www.bph.com.cn
总发行　北京出版集团
经　销　新华书店
印　刷　北京华联印刷有限公司
版　次　2024 年 1 月第 1 版
印　次　2024 年 1 月第 1 次印刷
开　本　710 毫米 ×1000 毫米　1/16
印　张　14.75
字　数　300 千字
书　号　ISBN 978-7-200-17616-2
定　价　68.00 元

如有印装质量问题，由本社负责调换
质量监督电话　010 - 58572393